マーケティングのSONY

市場を創り出すDNA

マーケティングのＳＯＮＹ

市場を創り出すＤＮＡ

立石泰則 Tateishi Yasunori

岩波書店

目次

はじめに 1
第1章 ソニーに流れるふたつのDNA 7
第2章 ソニーマーケティングの誕生 29
第3章 「ソニーらしさ」への挑戦 55
第4章 考える営業マンを育てる 67
第5章 ソニーショックと冬の時代 99
第6章 迷走と試行錯誤（1） 125

第7章　迷走と試行錯誤(2)　151
第8章　「同格」への大きな試練　171
第9章　新生・ソニーマーケティング　205
第10章　ソニーファンの創造　229
第11章　ソニーストアに夢を託す人たち　271
終わりにかえて――それぞれの転機　315

はじめに

私がソニーの取材を始めたのは、四半世紀近く前の一九九四年の深秋である。ちょうどソニーと松下電器（現、パナソニック）の間で音楽CD（コンパクト・ディスク）と同じ一二インチの光ディスクを利用して、音だけでなく映像も記録・再生可能なDVD（デジタル・ビデオ・ディスク）の規格争いが表面化した頃だった。

DVDは別名「画の出るレコード」と呼ばれ、「ポストVTR（ビデオの録再機）」の第一候補として脚光を浴びていた。家庭用VTRで世界の家電市場を席巻した日本の家電メーカーだったが、家庭用VTRの普及にともない、次の稼ぎ頭となる新製品の開発に余念がなかった。その研究開発の中から生まれたのが、DVDである。

DVD開発の中心メーカーは、ソニーと松下電器だった。

当初はディスクの構造の違いから、前者は「単板式」（後のMMCD方式）、後者は「貼り合わせ式」（後のSD方式）と呼ばれた。両方式には互換性がなかったため、家庭用VTRで激しいシェア争いを展開した「ベータ対VHS戦争」の再演かとメディアで騒がれたものである。

じつは私がソニーの取材を始めたのも、その第二のフォーマット戦争の原稿を週刊誌から依頼されたからだった。ソニーと松下を中心にDVDの規格統一問題の取材を進め、そろそろ執筆に取りかかろうと思っていた時である。

ソニーは翌九五年三月、十三年にも及ぶ長期政権を敷いていた大賀典雄氏が社長から会長に退くとともに、新社長には常務の出井伸之氏が就任すると発表したのだった。この突如の社長交代は、一時メディアに混乱をもたらした。というのも、出井氏はそれまで大賀氏の後継候補として一度たりとも名前がメディア等で取りあげられたことがなかったからである。そのため、第一報を流した大手通信社が出井氏の氏名を「井出」と間違えて配信したほどであった。

私の取材もＤＶＤの規格統一問題と並んで、いやそれ以上に「出井ｗｈｏ（フー）」へと傾斜せざるを得なくなった。とはいえ、どこかで自分自身では釈然としないものを感じたのだった。正確にいえば、危惧といったほうが適切かも知れない。

というのも、当時の私はそれほど強い関心をソニーに持っていたわけではなかったし、すでに証券や銀行など金融関係のテーマを取りあげる準備をしていたこともあって、ソニー取材はＤＶＤの規格統一問題の一回限りのつもりだったからである。

不安は的中し、ソニーの社長交代を契機に私のソニー取材は、今日まで延々と続くことになる。新社長の出井伸之氏が「リ・ジェネレーション」と「デジタル・ドリーム・キッズ」という二つのスローガンのもと、次々と新しい動きを展開し、たえず話題をメディアに提供したためである。出井氏の退任後も、ソニーは話題の中心であった。ソニーの経営が良ければ良いなりに、また悪ければ悪いなりに、ソニーに関する執筆依頼が私に続いたのである。

その過程で、本書のテーマと出会うことになる。

あるとき、取材で技術系役員からこう言われたのである。

「うちは『技術のソニー』ですから、製品はすべて高機能・高品質です。何もしなくても売れるんですよ。だから、他社と違って営業なんて要らないんですよ」

真顔でそう言う彼を見て、私は内心「ソニーの営業は大変だな」と思ったものだった。たしかに、ソニーが私の家電メーカーの取材で最初の企業ならば、私は「なるほど」と得心したかも知れない。しかし私は、すでに一九八七年から総合家電メーカー・トップの松下電器の取材を始めていた。松下電器は「販売の松下」と畏怖され、当時は約二万七千店舗の系列店網を誇っていた。ソニーは世界有数のＡＶ(音響・映像機器)メーカーとして確固とした地位を築いていたが、冷蔵庫や洗濯機など白物家電まで含めた総合家電メーカーとして見ると、松下電器の存在感は他社を圧倒していた。

その松下電器の取材を通じて私は、家電製品を「売る」難しさを学んだ。

たしかに松下電器は、ボリュームゾーン(売れ筋)の商品を大量に生産し販売することに長けている家電メーカーである。しばしば家電ブームの時代は家電商品を並べさえすれば飛ぶように売れたと言われるが、それは正確ではない。日本の家電メーカーが八社も十社もあった時代に、他社製品ではなく自社製品を選ばせることは容易ではない。消費者が納得して家電製品を選び購入するには、それだけの理由、根拠が必要だからだ。

それは「ノウハウ」と言い換えてもいい。

ボリュームゾーンの商品にはそれを売るノウハウが、高機能・高品質のハイエンドの商品にも相応しいノウハウが必要なのである。そのことは、一九八七年から始まる松下の取材の中で系列店「ナショナルショップ(現、パナソニックショップ)」の優良店を回ったとき、その販売現場をつぶさに自分の目で確かめることで知った。

たとえば、松下電器にはアナログ・ハイビジョンのテレビに『画王』と呼ばれる大ヒット商品があった。私が取材した当時、まだ一台百万円以上もする高額商品であった。それが、ナショナルショップの優良店では飛ぶように売れていたのだ。そのとき、私はハイエンドの商品にも売るための「ノウハウ」が必要なことを学んだのだ。

それゆえ、「技術のソニー」だから、高機能・高品質の製品は何もしなくても売れるなどとは思わなかったし、そんな思い上がった意識でいたら、きっと痛い目にあうと思ったものである。そして同時に、松下に比べてはるかに劣る販売力にもかかわらず、家電市場で必死に「売る」努力をしているソニーの販売・営業部門を一度、じっくりと取材してみたいと思ったのである。

とはいえ、ソニーを取りあげたいと考えても、メディアも読者も「技術のソニー」に関心が向きがちのため、なかなかチャンスは訪れなかった。それでも機会を見ては、短い記事ではあるが、ソニーの「売る」力を少しずつ書いてきた。

そうした執筆を続けるなか、「技術のソニー」からではなく「販売のソニー」という新しい視点でソニーをいま一度検討し直したら、どのような知らない姿が浮かんでくるだろうかと疑問が湧いてきたのである。

もっと言うなら、ソニーの「売る力」をひとつの作品として描きたいと強く思うようになったのである。その新しい視点で取材を続けて行くと、自然とソニーの歴史を遡ることになった。そして私は、いつの間にか、井深大氏と盛田昭夫氏という二人の創業者の哲学に辿りつくのである。

その結果、ソニーには、私たちがよく知る「人真似はしない」「他人のやらないことをする」という文言で表される「ソニースピリット」と呼ばれるＤＮＡ以外にも、もうひとつ違うＤＮＡが脈々と流れていることに気づかされるのである。前者が井深氏のＤＮＡなら、後者は盛田氏のものである。

本書は、その意味では、二つのＤＮＡが演じる「ソニー物語」である。そして「技術のソニー」よりも販売、マーケティングの現場から見た物語である。

第1章

ソニーに流れるふたつのＤＮＡ

二人の創業者

ソニーには、井深大と盛田昭夫という二人の創業者がいる。

二人には十三歳という年の開きがあるものの、深い信頼関係で結ばれていたことはソニーで二人とともに仕事をしてきた幹部や社員、また二人をよく知る人たちの間では周知のことである。二人は、どのようにして一回り以上の年齢差を超えて信頼関係を築くことができたのであろうか。

井深大は、盛田昭夫との出会いについて、こう書いている。

《昭和十七年、太平洋戦争も日増しに激しさを加え、国内も戦時色一色に染まっていた。私はそのころ、日本測定器を経営する一方で陸軍の兵器本部、造兵廠、陸軍航空研究所、海軍航空技術廠などの嘱託になり、軍の兵器の研究や開発に打ち込んでいた。たとえば電深といわれたレーダーや軍用通信、航空機の無線操縦などだ。（中略）

時には青森まで出かけて行き、桟橋から船出する青函連絡船をどこまで追いかけることができるか、という実験も行った。今日の科学兵器のひとつ、ミサイルなどはほとんど電波で操作しているが、基本的な原理は当時と同じものである。が、熱源を探索する研究はたいへんうまくいったが、どうしても舵を切る羽根の部分の開発と、舵切りの科学的技術の開発が困難を極め、軍も私たち技術者も焦りの色を濃くしていた。

そのころ、盛田昭夫君は海軍航空技術廠に所属しており、逗子で熱線で像を出すノクトビジョン（暗闇のなかでも温度変化で敵の像をとらえる）という装置の研究を進めていた。彼の研究は、私たちの兵器開発とも大いに関係があり、そこで疎開先の長野県の須坂工場に来てもらった。
　これが生涯のパートナーとなった盛田君との初めての出会いである。彼は大阪帝国大学理学部の出身で、当時、海軍技術中尉のポストにあった。彼と会った時の第一印象は、私より十三歳も若くユニークな考えの持ち主で、人に対する話し方も心得ており、洗練された男というものであった。私は兵器開発のスタッフとしての人間関係もさることながら、一人の人間として大いに彼を気に入った。
　それから親交が深まり、私も何度か、逗子の彼の研究室のある別荘に行っては、技術開発に関して意見を交えた》(井深大『わが青春譜　創造への旅』)
　他方、盛田は井深との出会いと印象を、こう書いている。
《陸海軍と民間の研究者から成る軍の科学技術研究会というものがあった。私は熱線探知で飛ぶロケットの開発をしていた分科会のメンバーであった。われわれはブレーン・ストーミングなどを通して、独創的で大胆な発想をするのが任務であった。そのグループの、民間代表の中に、当時自分で会社を経営していたすぐれた電子技術者で、のちに私の人生に多大な影響を与えることになった人がいた。井深大氏である。井深氏は私より十三歳年上だったが、はじめからたいへん気が合い、ここでの出会いが縁で、彼は私の生涯の先輩、同僚、相棒、そしてソニー株式会社を一緒に設立するパートナーとなったのである。(中略)このグループで井深氏の果たした役割は大きかった》(盛田昭夫『MADE IN JAPAN』)
　また盛田は、井深の異能についても触れている。
《井深氏が経営していた会社は、(中略)長野県の工場では、一千五百人の従業員が磁気探知装置の制御に使う小さな部品を作っていた。その装置の振動数は、正確に毎秒一〇〇〇サイクルでなければならなかった。井深氏は、一〇〇〇サイクルの音叉を使ってこの部品のチェックする仕事に、音感のすぐれた音楽学校の学生を雇うという実に奇抜なことをやっていた。私は彼のこの思考の新鮮さと独創性に非常に感銘を受け、ぜひこの人と一緒に仕事をしたいと思うようになった》(前掲書)

井深と盛田の二人は、初対面の時から何か互いに感じるものがあったようだ。それは、私たちが普段しばしば使う「ウマが合う」とか「相性がいい」といった言葉で表される感情であろう。理屈では説明できない、必然の出会いだったと言えるかも知れない。

「学生発明家」「天才技術者」と呼ばれる

ここで、二人の育った環境を簡単に振り返ってみる。

井深大は明治四十一(一九〇八)年四月十一日、父・甫と母・さわの長男として栃木県日光町で生まれた。父親は古河鉱業の技術者であった。彼は新渡戸稲造の門下生で、札幌中学から蔵前高工(東京工業大学の前身)の電気化学科に進み、学生時代には静岡県御殿場の小山に独学で小さな水力発電所を建設したことで有名だった。つまり、井深には優秀なエンジニアの血が流れていたのである。

しかし井深が三歳のとき、父・甫は急逝してしまう。そのため、母・さわは井深を連れて愛知県に住む義父の下に身を寄せることになる。もともと井深家の先祖は代々、会津藩に仕えた武士で、井深の祖父・基は戊辰の役をくぐり抜け、愛知県の商工課長や郡長(郡の行政を司る最高責任者)などを歴任した人物であった。

しかし母・さわは、日本女子大学を卒業した才女で、進歩的な考えの持ち主の彼女と昔気質の姑との折り合いはあまり良くなかった。さわには義父たちとの暮らしは息苦しかったようである。

まもなく母・さわは、母校の日本女子大学の付属幼稚園に職を得ると、井深をともなって上京する。そして井深は母の勤務する幼稚園から同じ付属の小学校に進学した。教育熱心だった母親は時間を工面しては、しばしば井深を博物館や展覧会へ連れ出した。井深の知的好奇心をかき立てるような東京での母との暮らしは、のちに「天才技術者」と畏怖される彼の才能を発芽させたと言えるかも知れない。

ところが、井深が小学校一年生の二学期を終えたところで、母・さわの父が病気で倒れてしまう。井深は母親に連れられて、祖父の住む北海道の苫小牧に引っ越すことになる。祖父は長らく地元の郵便局長を務めていたが、所有していた二万坪の土地が王子製紙に買収されたことで大金持ちになった人である。その後、詳細な理由は不明だが、井深たちの苫小牧での暮らしは長くは続かなかった。

井深は再び父方の祖父の下に戻され、母・さわは再婚して神戸へ移り住む。祖父の基は厳格な養育者ではあったが、青年時代にフランス人から兵学を学ぶなど新しいものを積極的に取り入れる一面を持っていた。たとえば、祖父は母親と離れたことで孤独癖のある内向的な少年に変わりつつあった孫に対し、さまざまな最新の外国製のオモチャを買い与えたのだった。そしてそれら新しいオモチャは、井深の好奇心を刺激した。

井深は、外国製のオモチャを分解したり再度組み立てたりして遊ぶことで、モノづくりへの関心を高めていく。電《でん》鈴《れい》(ベルのこと)を自作したのも、小学生の時である。

そんな井深を母・さわは五年生の時に神戸の再婚先に引

井深　大氏

き取り、そこから井深は名門の神戸一中に進学する。しかし三年生の時に無線(技術)に夢中になり、もともとひとつのことに熱中すると他のことは目に入らなくなる性格だったため、成績が悪化してしまい高校進学で苦労することとなった。

もちろん、井深が無線に熱中できたのは、母・さわが当時高価だった真空管などの部品を潤沢に買い与えたからでもある。それもこれも父が残した財産があったためで、井深の幼少時代は家庭的には恵まれていたとは言い難かったが、経済的にはかなりゆとりのある生活を送っている。

井深は高校(旧制)進学では浦和高校と北海道大学予科を受験したものの色弱のため不合格となり、早稲田第一高等学院(理科)に入学している。高校では科学部に所属し、発明する面白さに取り憑かれ熱中する日々を送るが、キリスト教の信仰に目ざめたのもこの頃である。以後、井深は敬虔なクリスチャンとして生きることになる。

大学は早稲田大学理工学部に進学し、エレクトロニクスの勉強に本格的に取り組み始めている。その成果のひとつが、「走るネオン」と呼ばれた発明である。

当時のネオンはただ明るく光るだけであったが、井深はネオン管に高周波の電流を流すと周波数が変わるごとに光が伸縮するという特色を利用して、あたかも光が動いているように見えるネオンを作ったのである。この発明によって、井深には「学生発明家」や「天才技術者」といった異名が与えられ、一躍有名人になったのだった。

日本測定器を起業

じつは井深は大学時代に父親の残した財産が底をつくのだが、父方の従兄弟が代わって学費や生活費などを肩代わりしてくれる幸運に助けられ、苦労らしい苦労をすることもなく経済的には恵まれた大学生活を送っている。

昭和八(一九三三)年に早稲田大学を卒業すると、井深はPCL(写真化学研究所)に研究者として採用される。PCLは日活などの映画会社が制作する映画のフィルム現像とその録音を主たる業務とする会社で、トーキー(音声入り映画)の試作も行っていた。そのため、井深はエンジニアとして磁気開発を始めとする新しい技術にも関心を触発され、さらなる研究に勤しむことができた。

その後、PCLから日本光音に移り、井深のために新たに設けられた無線部で研究を続けた。やがて同僚らと「日本測定器」を起業し、常務に就任する。この会社の特徴は、それまで同じ技術者でも「電気屋」や「機械屋」と呼び合って別々に仕事に取り組んでいたことを改め、両者が知恵を出し合って新しい仕事に挑戦したことである。

井深たちの新しい試みはまもなく陸海軍の技術研究所から次第に注目されるようになり、日本測定器には軍から次々と仕事が舞い込むようになった。そうした軍との付き合いの中から盛田昭夫との出会いが生まれるのである。

井深大の生まれ育ちを考えれば、彼はエンジニアになるべくして生まれてきたと言っても過言ではない。しかもたえず新しい技術に挑戦し続けるエンジニアとして、である。

なお井深は、閨閥の面でも恵まれた。

母親と東京で暮らしていたころ、隣人に「銭形平次」の原作者としても有名な作家の野村胡堂がいた。野村の妻と母親が大学時代の同級生だったことから、井深家と野村家では親しい交流が続いていた。その野村が、軽井沢の別荘の隣に住んでいた朝日新聞論説委員だった前田多門の次女・勢喜子との縁談を井深に持ってきたのである。前田は戦前は勅選貴族議員を務め、戦後は文部大臣にも就任した文化人である。

井深大は、昭和十一(一九三六)年十二月、勢喜子と結婚した。そして三人の子宝にも恵まれる。前田は、井深と盛田が東京通信工業を設立したとき、まだ無名で資金も十分ではない零細企業の初代社長に就任して二人をバックアップする。

老舗酒造の長男

盛田昭夫は大正十(一九二一)年一月二十六日、父・久左エ門と母・収の長男として愛知県名古屋市で生まれた。

生家は、名古屋市近くの知多半島・小鈴谷村(現・常滑市)にある三百年以上続く造り酒屋である。銘酒「子の日松」を醸造する老舗酒造「盛田」の長男、つまり十五代目当主を引き継ぐ者として生まれてきたのである。盛田は四人兄弟で、二人の弟に次男の和昭と三男の正明が、妹には長女の菊子がいた。

父・久左エ門は盛田が十歳の頃には事務所や酒の醸造所などに連れて行き、マンツーマンで帝王学を授けた。

《長々と続く退屈な重役会議の間じゅう、父のわきに座っているように言われた。しかし、それによって私は部下に対する口のきき方を覚えたし、まだ小学生のうちからビジネスの話とはどんなものかを知ったのである。父は社長だったから、何か報告や打ち合わせが必要なときには、幹部を自宅に呼びつけることもあった。そうしたときにも、父は必ず私を同席させた。(中略)

「いいか、お前は生まれた時から社長なんだ。この家の長男なのだからな。そのことを忘れてはいけない」

私はいつもこう言われていた。将来父の後継者として会社のトップの座につき、一家の長となることを片時も忘れる事を許されなかった》(『MADE IN JAPAN』)

同時に、父親は跡継ぎにこう諭すことも忘れなかった。

「お前は社長だからといって、まわりの者に威張れると思ったら大間違いだ。自分がやると決めたこと、他人にやらせようと思うことを明確にし、それに対してお前は全責任を負わなければいけない」

盛田は幼少の頃からリーダーシップの要諦を、こうして学んでいったのだ。

父・久左エ門は生来保守的な人物であったものの、その半面、海外の新しい科学技術や製品には強い関心を持つ、好奇心に富んだ経営者でもあった。たとえば、盛田の自宅は海外から、とくに米国から輸入した最新の製品で溢れていた。自動車のT型フォードや電機メーカー・RCAの蓄音機、GEの電気洗濯機、ウエスティンハウスの電気冷蔵庫などである。

盛田昭夫氏

そのような海外の最新製品に囲まれて暮らしていたわけだから、盛田が物心ついた頃から機械や電気製品に関心を持つようになるのは、至極当然なことであった。盛田は中学生の頃には電子工学の最新情報が掲載されている内外の雑誌を取り寄せては、そこに書かれている配線図などを参考に電気蓄音機やラジオの受信機などの製作に熱中し、自力で完成させたものだった。

井深と盛田、二人の出会いと共通点

理系に興味を抱いた盛田昭夫は第八高等学校（旧制、現・名古屋大学）の理科に進み、物理学に興味を抱き専攻に選ぶ。そして、当時の日本でもっとも新しい理学部で最新の設備を備えるとともに、盛田の師事する物理学者が教授を務める大阪帝国大学理学部に進学するのである。

盛田昭夫は、大阪帝国大学では当初こそは物理学の研究に没頭したものの、時代が次第にそれを許さなくなっていく。盛田が大阪帝大に入学した昭和十七（一九四二）年は太平洋戦争の戦況が急速に悪化し始めた頃で、徴兵猶予という理系の学生の特権が今後も担保されるとは言い難い状況にあった。

盛田の最大の希望は、今後も変わらない研究生活を続けることであった。その当時の盛田には、とりあえず三つの選択肢があった。

ひとつは、徴兵されるまで大学で研究生活を続け、徴兵されたらどこであれ指示された戦地に赴く。二番目は、海軍の「二年現役士官」（俗称、短期現役）制度を利用することである。当時海軍は、軍医系士官や技術系士官などの優秀な人材を確保するため、旧制大学卒業者等を対象に兵役の現役期間を二年間に限って士官として採用した。

この場合、「短期現役士官採用試験」を受験し合格すれば、三年の現役が二年に短縮されるとともに海軍中尉に任官され、二年後には民間に戻れることになっていた。徴兵されて一兵卒から始めて自由を失うよりは、盛田にすれば、技術系士官として自分の分野の仕事に従事できる可能性があるぶんマシだった。

最後の三番目は、海軍の依託学生になることである。

これは、旧帝国大学やそれに準じる学校の在学生を対象としたもので、依託学生の試験に合格したら、卒業までの間は帝大卒の初任給に準じる額が奨学金として支給される代わりに卒業後は海軍中尉に任じられ、以後海軍に奉職することになっていた。つまり、職業軍人になることが条件であった。

盛田は職業軍人として一生を終えるつもりはさらさらなかったが、大学での研究をそのまま続けたいという彼の希望に照らし合わせると、短期現役よりも依託学生になることのほうが現実的であった。というのも、盛田のような物理系の学生が短期現役士官になった場合、前線の艦上勤務を命じられ、新しいレーダー装置や電波探知機の操作に駆り出されることが避けられなかったからである。つまり、戦地に赴くわけだから、学問をするとか研究どころの話ではないのだ。

それに対し、依託学生の場合、将来はともかく、在学中は奨学金をもらいながら研究を続けることができた。とにかく当面の研究の継続を第一に考えるなら、盛田には海軍の依託学生以上の選択肢はなかった。

盛田は受験資格が得られる大学二年生のとき、依託学生の試験を受け合格する。翌昭和十九(一九四四)年一月から海軍委託学生としての生活が始まるものの、盛田が考えた研究生活は長くは続かなかった。その年の四月に学徒動員令が発令され、五月には海軍技術学生として横須賀の海軍航空技術廠支廠の勤務を命じられたからだ。要するに、他の徴用工とともに工場での作業に駆り出されたのである。

そうした予想外のこともあったが、盛田は九月に大阪帝国大学を卒業して海兵団で基礎的な訓練を受けたのち、昭和二十(一九四五)年三月、海軍技術中尉に任官される。赴任地は、前と同じ横須賀の航空技術廠支廠であった。このとき、戦時研究委員会で井深と出会うのである。

井深大と盛田昭夫に共通するのは、二人ともまず何よりも優秀なエンジニアだったことである。次に、科学や技術の研究に理解のある家庭で育てられ、経済的に恵まれた環境にあったことである。最後は、二人は未知なことに絶えず強い関心を持ち、新しいことに挑戦する精神に溢れていたことである。

東京通信工業を設立する

八月十五日の終戦を盛田昭夫は愛知県の家族の疎開先で、井深大は長野県の工場で迎えた。井深は東京に戻って新しく仕事を始めたいと考え、同行を希望する工場の従業員七名とともに帰京する。そして中央区日本橋にあった老舗百貨店「白木屋」(元東急百貨店日本橋店)の一室を借り受け、「東京通信研究所」を設立したのだった。

盛田は井深の新会社設立を朝日新聞のコラムで知り、さっそく彼を訪ねる。そして再会した二人は、一緒に働くことを約束し、翌昭和二十一(一九四六)年五月七日、東京通信研究所を改組して「東京通信工業」(現、ソニー)を設立したのだった。そのとき、井深は三十八歳、盛田は二十五歳だった。

資本金十九万円、総勢二十数名の小さな会社ではあったが、その志は雄大なものであった。井深の手による「会社設立趣意書」には、彼の強い意志が表明されていた。

趣意書は「前文」と「会社設立の目的」、「経営方針」、「経営部門」の四部で構成されていた。その中から留意すべき箇所を、いくつか抜き出してみる。

前文には、東京通信研究所設立の経緯が触れられている。

《戦時中、私が在任していた日本測定器株式会社において、私と共に新兵器の試作、製作に文字通り寝食を忘れて努力した技術者数名を中心に、真面目な実践力に富んでいる約二十名の人たちが、終戦により日本測定器が解散すると同時に集まって、東京通信研究所という名称で、通信機器の研究・製作を開始した。

これは、技術者たちが技術することに深い喜びを感じ、その社会的使命を自覚して思いきり働ける安定した職場をこしらえるのが第一の目的であった。（中略）

それで、これらの人たちが真に人格的に結合し、堅き協同精神をもって、思う存分、技術・能力を発揮できるような状態に置くことができたら、たとえその人員はわずかで、その施設は乏しくても、その運営はいかに楽しきものであり、その成果はいかに大であるかを考え、この理想を実現できる構想を種々心の中に描いてきた。

ところが、はからざる終戦は、この夢の実現を促進してくれた。誰誘うともなく志を同じくする者が自然に集まり、新しき日本の発足と軌を同じくしてわれわれは発足した》

最初から志をひとつにした先駆的なエンジニアの集団が、ソニーの本質というわけである。この東京通信研究所に、のちに盛田が加わり、新たに東京通信工業として生まれ変わるのである。

会社設立の目的は、八項目で構成されていた。

その中から、ソニーの社風として知られる、もっとも有名な一項目を選ぶ。

《真面目なる技術者の技能を、最高度に発揮せしむべき自由闊達にして愉快なる理想工場の建設》

いわば「自由闊達」は、メーカーとしてのソニーのレゾンデートルと言ってもいい。

七項目からなる経営方針では、次の二項目を選んだ。

《不当なる儲け主義を廃し、あくまでも内容の充実、実質的な活動に重点に置き、いたずらに規模の大を追わず》

《経営規模としては、むしろ小なるを望み、大経営企業の大経営なるがために進み得ざる分野に、技術の進路と経営活動を期する》

これは、井深のベンチャー企業宣言とも言えるものだ。なお、ベンチャー企業とは日本の経営学者が創り出した和製英語である。その意味するところは、先端技術を駆使して新しい分野に挑む企業、つまり小規模のハイテク企業というわけである。

設立趣意書をじっくり読み進めると、資金にも設備にも乏しい会社ではあるが、自分たちには他に決して引けを取らない「頭脳と技術」があるという自負心と、同時にこの二つの財産を武器にすれば、何でもできるという自信に満ちあふれた井深たちの心意気が伝わってくる。

なお前述した通り、初代社長は井深の義父・前田多門が務めている。これは、まだ信用もなく資金も十分でない小さな会社を応援するため、いわば金屏風の役割を担ったものであろう。井深は専務、盛田は取締役に就任した。

二人の役割分担

ところで、同じエンジニアである井深大と盛田昭夫の二人は、東京通信工業でどのような役割分担を担ったのであろうか。設立趣意書を読む限りは、会社の在り方や方向性など基本的なことは井深の考えに基いている。では盛田は、創業グループのひとりに過ぎないのであろうか。

二人が役割分担を互いに意識し、認め合った出来事がある。

それは、昭和二十五(一九五〇)年七月、東京通信工業が「日本初」のテープレコーダー「G型」を発売したことから生じたものである。

大企業にできないことを「頭脳と技術」で挑戦する井深や盛田たちが最初に目を付けたのは、日本ではまだ開発されていなかったテープレコーダーだった。そのころ、井深たちは仕事の関係で占領軍が入居していたＮＨＫの放送会館に出入りしていた。あるとき、井深たちは外国製のテープレコーダーを見る機会を得る。

井深は初めて見る外国製テープレコーダーに魅了され、さっそく同じテープレコーダーを自分たちの手だけで作り上げようと決心したのだった。それまで井深たちが知る「レコーダー」(記録装置)は記録媒体にワイヤーを使用していたため、録音状態が非常に不安定であった。そこで井深はワイヤーに代わる記憶媒体として、モノ不足の当時の日本で、まず紙をベースにしたテープで代用できないかと考えたのである。

創業から四年後、井深に率いられた東京通信工業の技術陣は、苦心の末に国産初のテープレコーダーの開発に成功する。そして日本の市場にまだ登場していない、世の中にない画期的な商品だとして発売に踏み出すのである。製造台数は五十台、価格は十七万円だった。井深大と盛田昭夫の二人は、自社技術だけで作り上げたテープレコーダーG型の機能と品質に自信があったので、売れるものと信じて疑わなかった。

ところが、二人の予想に反してG型はまったく売れなかった。

というのも、大卒の初任給が八千円程度の当時、いくら自分の声が録音できるといっても一般消費者にとっては高価なオモチャにすぎなかったからだ。しかも重さが四十五キロもある巨大な箱では、

テープレコーダーG型

自由に持ち運びもできない。こんな高価で持ち運びもできない製品を買う個人がいるはずもなく、テープレコーダーの市場はなかったのである。

盛田も、のちにこう回想している。

《井深氏も私も、消費行動に関する教育を受けたことはなかったし、実際に消費者向けに製品を作って売った経験もなかった。(中略)……商品化や販売術に関する知識は何もなかった。井深氏も私も、そうした知識が大切だということさえ考えなかった。井深氏は良い製品を作りさえすれば自然に注文がくるものと固く信じていた。私もそうだった。(中略)われわれは一技術者にすぎなかったのに、企業的大成功を夢みていたのである。ユニークな製品を作れば大儲けができると考えていた》(『MADE IN JAPAN』)

そして盛田は、テープレコーダーの販売不振からひとつの教訓を得る。

《独自の技術を開発しユニークな製品を作るだけでは、事業は成り立たないことを思い知ったのだった。大切なことは商品を売るということだった》(前掲書)

盛田の守備範囲

そこで盛田は販売不振から撤退するのではなく、「商品を売る」ためには商品の価値が分かる市場を探すことだと考えたのである。つまり、一般消費者にテープレコーダーの市場がないのなら、その市場を探し出すことである。

戦後、わが国は復興に着手したものの、あらゆる分野で人材が払底していた。徴兵で戦地に赴き帰らなかった人たちの中には、専門的な知識や技能を身につけた人材が少なからずいたからである。たとえば、盛田はG型の売り込みに奔走していたが、その過程で裁判所で速記者が不足して困っているという話を聞きつける。さっそく盛田はツテを頼って各方面を巡り、最高裁判所との商談に成功する。速記者不足に悩まされていた最高裁判所では、テープレコーダーの商品価値を十分に分かっていたので、すぐにG型を二十台購入することを決めたのである。

さらに盛田は、学校の語学教育用としてテープレコーダーの需要があるのではないかと考え、学校回りをする。そこで語学教材として高いニーズがあることを摑むと、盛田はG型よりも価格の安い、そして小型のテープレコーダーの開発を技術陣に求めたのだった。G型の発売の翌年、東京通信工業はH型と呼ぶ小型のテープレコーダーを発売した。盛田の読み通り、H型はヒット商品となり、会社に多大な利益をもたらした。

このような経験から盛田は、市場がなければ新しい市場を探す、あるいは市場を掘り起こすことの大切さを学ぶ。そしてその市場を掘り起こす仕事こそ、自分の役目ではないかと考えるようになるのである。

《売るためには、買い手にその商品の価値をわからせなければならない。やっとそういう結論に到達したとき、私は、自分がこの小企業のセールスマンの役割を果たさなければならないと考えた。私が販売のほうを受け持っても、幸い革新的な製品の設計と開発に全精力を傾けてくれる井深氏という

天才がいる》（前掲書）

メーカー経営の両輪は「開発・製造」と「営業・販売」である。その経営の両輪を、井深と盛田で分け持つことにしたというのである。いわゆる「経営のコンビ」としては、同じ家電メーカーでは松下電器産業（現、パナソニック）創業者の松下幸之助と高橋荒太郎（財務担当）、自動車メーカーでは本田技研工業を創業した本田宗一郎と藤沢武夫（技術以外を担当）の組み合わせが有名である。

では井深と盛田の経営のコンビも、それらと同じかといえば、少し違う気がする。というのも、松下幸之助も本田宗一郎も創業者で、高橋荒太郎も藤沢武夫も創業後に加わっており、あくまでも創業者をサポートする立場だからだ。もちろん、盛田は年上の井深を尊敬していたし、時には「ソニーは井深さんの夢を叶える会社である」とまで語っている。しかし盛田の実際の守備範囲は「営業・販売」に止まらず、マネジメントを含む「開発・製造」以外のすべてに渡っており、サポートというよりも互いの立場を尊重しつつ一定の緊張関係を保つものではなかったのか。

マーケット・エデュケーション

ソニーは、井深大と盛田昭夫という二人の創業者によって起業された会社である。つまり、ソニーには二人のDNAが流れているはずである。

たとえば、社会から「技術のソニー」と畏怖され、あるいは「ソニースピリット」を評価されたモノづくりの精神は井深大のDNAである。では「市場を創る」という盛田のDNAは、どこに継承されているのであろうか。

ソニーの取材を始めてから十年以上が過ぎたある日、私は偶然、盛田のDNAが受け継がれているのかと感じさせられる経験をした。それは、携帯音楽プレーヤー「ウォークマン」の発売当初の営業販売の取材をしていた時である。

ウォークマンの広告宣伝を担当した河野透は、トリニトロンカラーテレビが発売された昭和四十三(一九六八)年にソニーに入社した。入社以来、河野は広告宣伝畑ひと筋のサラリーマン人生を送っている。入社当時、広告宣伝はトップの専権事項であったため、広告原稿が出来上がると、彼は社長の盛田のもとに通った。

ある日、河野は盛田と昼食を共にする機会を得る。そのとき、盛田が問わず語りに話した言葉がいまでも忘れられないと言った。

「河野君、マーケット・クリエーションというのは、マーケット・エデュケーションのことなんだ」

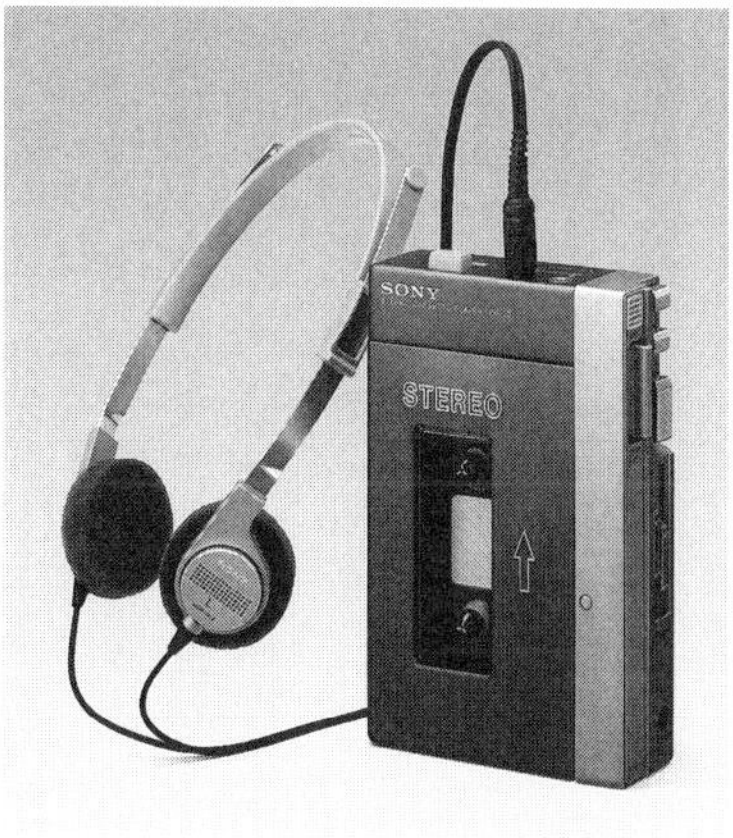

初代ウォークマン

盛田の言葉を、河野はこう受け止めたという。

「新しいソニー製品を出したら、この製品が何のためにあるのか、その使い勝手も含め一種の啓蒙をしなければいけない。それが、マーケット・エデュケーションなんだと。この言葉はとても示唆に富んでいて、僕らの広告宣伝のひとつの考え方になっていったと思います」

発売する製品の市場がなければ、その市場を掘り起こす、あるいは市場を創り出す――その大切さは、盛田が国産初のテープレコーダーG型の発売の際に学んだことである。それをマーケット・エデュケーションという言葉で端的に表したのだ。そしてそのことを、河野は昭和五十四（一九七九）年発売のウォークマンの広告宣伝の時に実感させられることになる。

ウォークマンが大ヒット商品になるまで

いまでこそウォークマンはソニーを代表する製品として認知されているが、盛田昭夫が役員会でウォークマンの製品化を提案したとき、全役員がこぞって反対したことは有名な話である。彼らが反対した理由は「テープレコーダー（録音機）は売れても、テーププレーヤー（再生機）は売れない」というものであった。

じつは、ウォークマンは井深大の要請から生まれた製品である。もともと音楽好きな井深は、海外出張の多いソニー首脳らしく移動中の飛行機の中でも好きな音楽を楽しめないものかと思案していた。そこでソニーの技術陣に対し、機内でも個人が容易に音楽を楽しめる製品を開発して欲しい、と要請したのである。

ソニーの技術陣は井深からのリクエストに応えるべく試行錯誤を続け、そして完成させたのが録音機能のない、再生専用のウォークマンだった。さっそく井深にプレゼントされた。井深はウォークマンをすっかり気に入り、ご機嫌だったという。

ただし前述したように、製品化に関しては役員からの理解は得られなかった。そんな中で、ただひとりウォークマンの製品化を支持したのは盛田昭夫である。

「井深さん、これは面白いよ。これからは音楽を個人で楽しむ時代がきっと来る」

盛田には、新しい時代の到来が見えていたのであろう。全役員から反対にあっても、決して怯むことはなかった。盛田はウォークマンが新しいライフスタイルを創り出すと主張して、最後は創業者の力で役員会の反対を押し切るのである。

何とか発売にこぎつけたものの、ウォークマンをヒット商品にしようにも広告宣伝の担当者は河野を含めわずか二名で、しかも広告宣伝費もなかった。というのも、当時の広告宣伝費は商品の売上高（目標額）の何パーセントと決まっていたため、肝心の販売部門が「こんなものは売れない」と決め込み初回の出荷台数三万台を売り切ったら、それで終わりにするつもりだったからである。つまり、たとえウォークマンの最初の三万台を売り切ったとしても利益は出ない、赤字だったのである。

そんな悪状況のなか、河野は「とにかく（ウォークマンを）認知してもらおう。それには経験してもらうことだから、その場を一生懸命作っていった」という。

「宣伝費はありませんでしたけど、モノ（ウォークマン）があったから、芸能人とか歌手とかいろんな人にタダで配りました。彼らはどこか目立ちたがり屋ですから、使っているうちに雑誌のグラビアに取り上げられたりしたんです。じつは、これが（広告宣伝では）一番効果がありました」

他にもいろんな試みをしたが、中でも河野が採った人海戦術は効果的であった。たとえば、ソニーの社員に頼んでは山手線の電車の中でウォークマンで音楽を楽しんでいる姿を乗客に見てもらうことである。社員にはヘッドフォンを付けたまま、山手線をぐるぐると回ってもらうのだ。また夏の江の島ではライブコンサートに集まった若者をつかまえては「とにかく、一度聴いてみてください」と頼んでは、ウォークマンの体験を熱心に勧めた。

こうした地道な努力の結果、発売二カ月後の八月が終わる頃にはウォークマンは売れ始め、品切れを起こすまでになっていた。当然のことだが、ウォークマンの増産はすぐに決まった。それにともない、河野たちには宣伝費も下りるようになった。

テープレコーダー(録音機)しか市場はない、という二人の創業者を除くソニーの全役員の主張に対し、河野たちはテーププレーヤー(再生機)を実際に一般消費者に体験させることで、新しい市場を発掘、創り出したのである。つまり、盛田が説いた「マーケット・エデュケーション」を実践したのである。

その後、ウォークマンが世界的な大ヒット商品となるのは周知のことである。

盛田のDNAは、たしかに河野たち広告宣伝の人間に引き継がれていた。そのことを踏まえ、私は「技術のソニー」が井深のDNAであるなら、「マーケティングのソニー」は間違いなく盛田のDNAではないかと考えたのである。そしてこの二つのDNAが互いに補完し合いながら、時には競い合いながら、ソニーを世界有数のAV(音響・映像機器)メーカーに成長させていったのである。

ソニーのDNAは井深と盛田の二つのDNAから成り、それはソニーを理解するうえで「技術のソニー」からだけではなく「マーケティングのソニー」からも見ることの大切さを教えている。

では「マーケティングのソニー」からソニー全体を改めて俯瞰して見るなら、どのような新しいソニーの姿が見えてくるであろうか。

第2章

ソニー マーケティングの 誕生

新社長が直面する厳しい経営環境

一九九五(平成七)年四月一日、出井伸之は先輩役員十四人を飛び越え、末席の常務からソニー社長に就任した。役員定年を迎える大賀典雄は社長から会長へ退き、十三年間という大賀の長期政権は終わる。しかし大賀が残した「負の遺産」は、当時のソニーにとって決して軽いものではなかった。

金融機関からの借入金等の有利子負債は九五年三月末で一兆九千百四十一億円までに膨らみ、ソニーグループの売上高約四兆円の約半分にもなっていた。その原因は、大賀の社長在任十三年間が事業の多角化とその拡大に費やされた時代だったからだ。

わずか二年の間に世界的な音楽会社(現、SME)と映画会社(現、SPE)の二社を買収した費用が一兆円近くにも及んだのを始め、バブル時代およびそれ以降の「設備投資バブル」と揶揄されたほどのすさまじい不動産投資の結果である。

たとえば、欧米・アジアでのブラウン管工場の増設やAV(音響・映像)機器の組み立て工場、日米の半導体工場の買収などが何かに取り憑かれたように続いたし、新入社員を入れるためだけにビル一棟を建設したと噂されるほど不動産投資に熱中した時代でもあった。ベルリンのソニー欧州本社建設やAT&Tビル(旧ソニー米国本社)の買収、千葉県幕張のオフィスビル建設(途中で中止)なども、同じ時期である。

その半面、大賀の拡大路線がソニーの成長に貢献したことも事実である。

ソニーは国内外に九百社の子会社を抱える、社員数約十四万人、連結売上高約四兆円を誇る一大企業グループに成長していたし、そしてもはや単なる製造業の企業グループでもなかった。世界的な音楽会社と映画会社をグループ企業に持つ、つまりソフト（コンテンツ）とハードの複合企業グループになっていたのだ。しかも当時、コンテンツとハードを持つ企業グループは、全世界でソニーだけであった。

他方、ソニーは自他共に認める「国際企業」である。

その名の通り、売上高の約七割を北米を中心とした海外市場に頼っており、「日本で作って海外で売る」というのが、当時のソニーのビジネスモデルであった。ところが、一九八五年のプラザ合意で日本政府が円高基調を認めたことから、急激な円高が進む。九四年に一ドルが百円を切ると、翌九五年には七十円台に突入したのである。一円の円高で百億円単位で利益が飛んでしまうと言われた時代である。

しかも市場では「一ドル五十円は目前だ」とまで騒がれ、どこまで円高が進むのか誰にも予測できなかった。そのような厳しい経営環境のもとで、出井はソニー社長に就任したのである。

大賀典雄氏

もちろん、売り上げを伸ばし高い利益を生み出し続けることができるのなら、二兆円近い有利子負債は順調に返済することができるし、何の問題にもならない。しかし約四兆円の売上高のうち七〇パーセントは、エレクトロニクス事業が稼ぎ出したものである。そのエレクトロニクス事業は、国内市場ではバブル崩壊後のAV不況で増収増益を果たすことは容易ではなかった。海外市場では円高でソニー製品は価格競争力を失い、苦戦中であった。当時のソニーは、まさに内憂外患の状態にあった。

しかしもっと深刻な問題は、ソニー製品の市場でのプレゼンスが低下していたことである。「高品質・高機能」の代名詞であった「SONY」ブランドが輝きを失い、一般消費者にとって魅力的で特別な商品でなくなっていたのである。

「ソニー神話」の崩壊？

一九九四年秋、私は世界的に有名な東京の電気街「秋葉原」を訪れていた。

JR山手線と総武線、そして京浜東北線が交差する秋葉原駅から広がる一帯は、家電量販店や電気店、電機部品の店などがひしめく「アキハバラ」として海外でも有名である。私がこの場所を訪ねたのは、ここで何が売れているか、どんな電気製品が話題になっているかを知れば、日本の家電市場の状況と傾向が概ね把握できるからだ。

ある大手家電量販店のテレビなどAV機器の売り場を訪ね、フロアの責任者にソニー製品ならびにSONYブランドの状況について聞いてみた。

「ソニーさん(の価格)が高いという感覚は、もうほとんどないね。いまの時代は価格だけでモノ(製品)を選ぶ時代だから。以前ならソニーの商品を名指しで買いに来るお客はいましたし、どこのお店がお目当ての商品を一番安く売っているかが最大の関心事でした。でもいまは違います。テレビなら、どこのメーカーが安いかと聞いてきます」

さらに、こうも言った。

「ソニー製品の値段は確実に下がっています。それまでなら、ソニーの新製品は二割も引けば、『安いなあ』という感じでしたが、いまは二・五割から三割引きで出している。ちょうどバブルが弾けて安売り店が台頭してきた頃から、こういう状況になってきたね。ただソニーの強味は、新しい製品を作ると売れることでした。他のメーカーが新しい技術の製品を作ってもお客は飛びつかないが、ソニーなら飛びついた。でもそれ(画期的な新製品)も、いまはないね」

別の家電量販店のベテラン販売員も、こう話す。

「『ソニー神話』なんて信じているのは、四十代以上の男性ぐらいですね。若い人は、価格が安くてそこそこの品質であれば、シャープであれ松下であれ、東芝であれ、どこのメーカーの製品でもかまいません。第一、ソニー製品だからと高い値段を我慢することなんてありません。ですから価格面でいえば、ソニーの値引率も大きくなっています。目玉商品だと四割から五割引きにもなります」

目玉商品とは、客寄せのため赤字覚悟で大幅な値引きをする商品のことで、秋葉原で赤い札に格安の値段が書かれているため「赤札商品」とも呼ばれていた。その赤札商品にソニー製品が選ばれている、というのである。実際、私が訪れた時も家電量販店の店頭には赤札商品のソニー製品が並べられていた。かつてはソニー製品が赤札商品になるなど考えられなかったが、それが九四年当時は普通の風景になっていたのである。

ソニーの取材に入ったころ、旧知の松下電器(現、パナソニック)の技術担当役員から面と向かって、こう言われたものだ。

「あなた方マスコミは『技術のソニー、技術のソニー』としばしば言われますが、トリニトロンカラーテレビとウォークマン以降、ソニーさんはいったいどんな画期的な製品を出されましたか。どんな斬新な技術を開発されましたか。ハイビジョンテレビ(アナログ)にしても、うちの『画王』に負けているじゃないですか」

その頃のハイビジョンテレビは、価格が百万円以上もする高価な家電商品であった。その高額な商品を、松下電器では約二万七千店の系列小売店をフル回転させて販売台数および売上高で他社を圧倒していた。もちろん、ハイビジョンテレビを含む国内のテレビ市場では断トツのシェアを誇っていた。それに対し、ソニーは「万年四位」と揶揄されるほど後塵を拝していた。

松下の系列店「ナショナルショップ」(現、パナソニックショップ)の有力店の店主は、私の「なぜ『画王』は、そんなに売れたのですか」という質問に対し、自慢気にこう語ったものである。

「私たちは、何も安い製品を松下に作って欲しいと言っているわけではありません。私たちが求めているのは『これが松下の製品だ、ナショナルの製品だ』と呼べる他のメーカーに作れない高品質な製品であり、たとえ値段が高くても売ってみせますよ。たとえば、ハイビジョンテレビの『画王』なんて、その典型です。ライバルのソニーが同じハイビジョンテレビを出しても性能では負けなかったから、ソニーよりも価格は高かったけれどもたくさん売りました。それに、お客さんも喜んで買ってくれました」

つまり、「技術のソニー」の製品に松下のそれは負けていない、いや勝っているというのである。かつてのような廉価な製品を全国津々浦々に届けることが、もはやナショナルショップの役割ではなくなったと主張したのだった。

「技術のソニー」の凋落

ではソニーのエンジニアは、どう見ていたのだろうか。

ＡＶ（音響・映像機器）の商品設計を担当していた中堅幹部は、ＳＯＮＹブランドの現状をこう嘆いていた。

「ソニー製品全体を引っ張るトップクラス（ハイエンド）の製品があって、それがＳＯＮＹブランドの高級感や高品質のイメージを作っていました。だから、ボトムクラス（廉価商品）であっても『ＳＯＮＹ』のロゴマークが付いている限り、小売店は値引きをあまりしなくてもお客さんもソニー製品だからと納得して買っていたんです。

ところが、そのイメージが壊れてきているんです。ソニーはＡＶ分野では『世界ナンバーワン』と言われてきました。その根拠は技術力や品質などではなく、市場占有率（シェア）や売上高などの数字です。でも品質でいえば、かつてのように優秀ではなくなっています。だから『世界一』とは、とても言えません。トップクラスの商品開発をするには、当然、相当な費用も時間もかかります。でもいまのソニーには、そんなことをしていたらビジネスにならないという雰囲気が会社全体を覆っていて、とても〝ソニーらしい〟商品の開発に挑戦できる環境にはないんです」

さらに、こうも言った。

「ボトムクラスの製品もトップの製品が揃っているから他社よりも割高でも売れるのであって、トップがなくなればＳＯＮＹブランドが持つ高機能・高品質のイメージは維持されなくなりますから、ボトムの製品も売れなくなります。しかもボトムの製品を売るために、大幅な値引きや安売りをして市場を混乱させたため業界から顰蹙を買ってしまったこともあります。品質で勝負していた会社が価格で勝負するようになったのですから、嘆かわしい限りです」

要するに、「ソニー神話」の崩壊と呼ばれる現象は「技術のソニー」の凋落がもたらしたものだというのである。両者は、パラレルに劣化していったのである。

社内カンパニー制の導入

昭和二十五(一九五〇)年の日本初のテープレコーダーの発売以来、日本初のトランジスタラジオ、世界初のトランジスタテレビ、世界初のトランジスタVTR(録再機)、世界初の家庭用VTR、世界初のトリニトロンカラーテレビ、世界初のビデオカセットシステム等々、ソニーは日本初、世界初の冠を持つ製品を開発・発売することで新しい市場を開拓してきた。さらに市場を掘り起こし、世界市場へ展開したという意味では、家庭用VTR「ベータマックス」と当初ヘッドフォンステレオと呼ばれた携帯音楽プレーヤー「ウォークマン」は特筆すべきソニー製品といえるものだ。

一九八〇年代に入ると、ソニーはオランダのフィリップスと光学式デジタルコンパクト・ディスク(CD)システムを共同開発し、CDプレーヤーと音楽CDを発売し、音楽市場をレコードからCDの世界へ一変させている。また、パスポートサイズの8ミリビデオカメラの開発・発売によって誰もが気楽にビデオ撮影を楽しめるようにしたことで、新たなVTR市場も開拓している。

少しでもソニーの製品開発の歩みを振り返れば、ソニーが新しい市場を開拓することで成長してきた企業であることは一目瞭然である。しかし同時に、その成長が「ソニーらしい」製品を生み出す障害になってしまっていたとしたら――。

創業のころ、東京通信工業が社名だったソニーは従業員二十数名、売上高はたかだか百万円程度の零細企業にすぎなかった。ところが、昭和三十(一九五五)年に米国市場への進出を控えて全製品にSONYのロゴマークの使用を決め、三年後には社名をブランドと同じ「ソニー」に変更してから躍進が始まる。

創立五十周年を迎えた一九九六年には、従業員数はソニー単独で約二万人、売上高は一兆七千億円、グループ全体では従業員数は約十四万人、連結売上高は約四兆円を誇る世界的な複合企業グループに成長していた。しかも約四兆円の売上高のうち七割はエレクトロニクス事業が稼ぎ出していた。つまり、世界的複合企業グループとはいえ、その屋台骨を支えていたのはＡＶメーカーとしてのソニーなのである。

エレクトロニクス事業が確実に売り上げを伸ばし、利益を稼ぎ出さなければ、ソニー(グループ)は成長どころか、行き詰まるしかない。それゆえ、エレクトロニクス部門は、たえず「売れる」商品を市場に送り出す必要があった。率直に言えば、「売れると分かっている商品」を生産し、廉価な価格で売り出すことである。しかしそれは、それまでの「他人のやらないことをやる」や「人真似はしない」といったソニーの製品開発の姿勢と対極の「二番手商法」への転換を意味した。

ソニーマニアと呼ばれる熱狂的なソニーファンやソニー製品の愛好者相手に画期的な製品を開発し、ＳＯＮＹブランドを高めてきたものの、所帯が大きくなれば、彼らを含む多くの一般消費者にも購入してもらわなければ売上高も利益も増えない。しかも画期的な製品、いわゆるソニーらしい商品を毎年毎年開発できるわけでもない。そうなると、必然的に廉価でソニーマニアではない一般消費者が望む商品の開発にも力を注がざるを得なくなるのは避けられない。

当然、ソニーらしい商品や日本初、世界初といった独自の製品開発に対する取り組みは弱まることになるしかない。そうした事態をソニーの経営首脳がまったく知らなかったわけではないだろうが、急速に進む円高と膨張する有利子負債の前に「背に腹は代えられない」という現実に従ったのであろうか。

その結果、社内では「技術」よりも効率化に関する議論が幅を利かせるようになり、ソニー経営陣の最大の関心事はシェア拡大とその確保——いかにソニー製品を安く大量に売るか、になった。そしてシェア拡大とその確保を目指す究極の形として、一九九四年四月に導入されたのが、社内「カンパニー制」である。

カンパニー制とは、社内分社化のひとつで、製品別に開発・製造から販売にいたるまでを一元管理する組織のことである。責任者には「プレジデント」の呼称が与えられ、いわば会社のトップと同等の権限も委譲されており、カンパニーは「疑似株式会社」の形態を採っていた。

当時の社長でカンパニー制の生みの親である大賀典雄は、その狙いについて「まず生産をより効率化することである」と説明している。つまり、プレジデントたちは「数字」を出すことを厳しく求められることになる。

必然的にプレジデントは、開発期間が長期にわたり投資額もかかる画期的な製品の開発には慎重になる。代わって、投資費用を抑え、製造コストも安く仕上げ、そして廉価販売で大量に製品をさばいて売り上げと利益を確保しようとする。市場には、既存の製品を改良したものや、ちょっとしたアイデア商品を送り出すことになる。

出井伸之が社長に就任する直前のソニーは、まさに負のスパイラルに陥ってしまい、身動きが取れない状況にあったと言える。

財務の健全化に乗り出す

そのような状況下で、ソニー社長に就任した出井伸之を待つ緊急の課題は二つ。ひとつは「ソニー神話」の復活、つまり「技術のソニー」の再建である。もうひとつは、約二兆円にまで膨らんだ有利子負債の改善、つまり財務の健全化である。

財務の健全化に関しては、財務担当の副社長だった伊庭保を新設した「CFO（最高財務責任者）」に据えて、借金体質の改善に乗り出した。

伊庭は、当時のソニーの財務状況をこう分析していた。

「私が財務を担当するため（子会社の社長から）ソニーに戻ってきた九二年は、バブル崩壊の影響を受けて売り上げが伸びず、しかもエレクトロニクス部門では過剰投資になっていて大変な時期でした。業績を見ても九二年、九三年は大変ミゼラブルな状況で、その前には映画会社を買収するなど借金も増えていました。それで、財務面の立て直しが急務でした。しかし立て直すには、グループ全体として膨大な借金を抱えたまま、なおかつ投資をコントロールする必要がありました」

さらに、言葉を継ぐ。

「いくら多くても借金を返すだけなら、簡単なんです。儲けをすべて、借金の返済に回せばそれですぐに完済できます。でもそれだと、研究開発などへの投資をしないわけですから、メーカーであるソニーは商品開発もままならず、魅力あるソニーらしい商品を出せません。経営はすぐに行き詰まってしまいます。だから、借金返済と投資のバランスをうまくとることが大切なのです」

伊庭はCFOとして、その後五年間で約二兆円あった有利子負債を一兆円弱にまで減少させることに成功する。他方、ソニーは一九九七年三月期と翌九八年三月期の連結業績で、二期連続で過去最高の業績を達成しているから、伊庭の目論見通り、「借金返済と投資のバランスをうまくとる」ことにも成功したと言えるだろう。出井政権のもと、ソニーの財務の健全化は着実に進められていく。

出井伸之は社長就任早々に「ソニーらしさの復活」を掲げ、技術陣には「ソニーらしい商品」の開発を求めた。しかしそのためには、何よりも「ソニーらしい」商品の開発に技術陣が専念できる環境を整えることである。当時、最大の障壁になっていたのは、前述したように「生産効率」を目的としたカンパニー制である。

カンパニー制の見直し

社長就任直前の出井に対し、そうした「ソニーの現実」をどう受け止めているのか、率直に訊ねたことがある。そのさい、出井は現実を受け入れるとともに、研究開発強化への意欲を繰り返し語ったのだった。

「たしかに、これだけの巨大な企業になったため、個人戦よりも団体戦で優勝を狙うというマネジメントを優先させてきた時期があったかも知れません。しかしここ数年は、個人戦も団体戦も狙うということでやってきたと思います。それに、いまやらなければいけないのは次世代に伸びる技術への投資をもっと増やすことだと思っています」

ソニーらしい商品の開発のためには、投資の増大は望むところというわけだ。

社長就任二年目の一九九六年四月、出井はカンパニー制の大幅な見直し、いや実質的な解体に着手する。その組織改革の特徴は、カンパニーによる「開発・製造、販売」の一元管理を止めさせ、それぞれ分離したことである。

たとえば、「開発」の一部と「製造」はカンパニーに残すものの、研究に近い「開発」は本社の研究部門に移管し、各カンパニーの「販売」部門は、本社内に新たに設置された「国内営業本部」に集約したのである。しかも国内営業本部には一般消費者向け商品だけでなく放送機器や業務用機器など法人向け、つまりノンコン（ノン・コンシューマー）と呼ばれる商品の営業部門も統合されており、国内のすべてのソニー製品を取り扱う、唯一の組織となった。

それまで生産されたソニー製品は各カンパニーから国内営業部門を通して、家電量販店向けと地域の電気店（ソニーショップなど一般小売店）向けの二つの販売会社（系列の問屋）に卸され、そこからさらに小売店に卸されていた。そのような製品の流れを、販売チャンネル別の販売会社三社と商品別などに分けた販売会社四社の合わせて七社に再編し、その七社からソニー製品が各小売店に卸されるようにしたのである。その流れを、国内営業本部が統括するのである。

しかし新社長の出井伸之にとって、国内営業本部の設置は彼の考える「営業・販売」の改革の始まりに過ぎなかった。

出井伸之氏

社長に就任した当初、出井が気になるソニー製品の売れ行きを知りたいと思えば、その製品を担当しているカンパニーの責任者、プレジデントに直接聞くしかなかった。というのも、カンパニーが「開発・製造、販売」までを一元管理しており、そこですべてが自己完結していたからだ。つまり、当時はすべてのソニー製品の販売状況を把握している役員は、ひとりもいなかったのである。

では国内以外でも同じような仕組みになっていたのかといえば、そうではなかった。日本だけの仕組みだったのである。たとえば、ソニーは世界の主要市場に販売会社(問屋)を設立していた。北米市場にはソニー米国、欧州にはソニーヨーロッパ、中国にはソニーチャイナ、東南アジアにはソニーシンガポールといった具合である。

そしてそれらの傘下に、ソニー製品を販売する小売店や代理店などの販売網を作っていた。その販売網を通して、各地の一般消費者は自分が望むソニー製品を入手していたのである。ソニーの経営首脳は主要市場に設置した販売会社からの報告で、海外市場でのソニー製品の販売状況を把握していたのだった。

国内販売会社設立構想

出井は「ソニーらしい」商品の開発に成功したあと、それを確実に売るためには、とくに本社のある国内で確固とした販売体制を築き上げる必要性を強く感じていた。それには、海外と同じシステム、同水準の独立した販売会社の設立は急務であると考えていたのだった。

じつは出井は、社長に就任した年の暮れには、国内の販売会社設立に向けて動き出していた。ソニーの専務だった小寺淳一のもとに自分のスタッフを差し向け、小寺に対し「国内市場を統括する新しい組織、ソニージャパンを作りませんか」と打診していたのだ。当時、小寺は業務用システムを担当する「システムビジネスカンパニー」のプレジデントを務めていた。

しかし小寺は、出井の意向に対し「反対です」と即答した。

その時に「反対」した理由を、小寺はこう説明する。

「せっかくカンパニーが作った製品を、販売を担当する会社から『これは売れる』とか『あれは売れない』とか言われても困るよね、という気持ちが（カンパニーのプレジデントとしての私には）ありました。カンパニー側からすれば、開発から商品にするまで五年近くかかったものを『自分たちと同じ思いで、誰が二十四時間、どのようにして売ろうかと考えてくれるのだろうか』という不安が、どうしても拭えなかったのです」

だが、出井は小寺の「反対」の意思を気にもとめなかった。小寺の「反対」は、織り込み済みだったのだろう。国内営業本部を設置したさい、出井は小寺を新設したCMO（チーフ・マーケティング・オフィサー）に任命した。CMOとは、CEO（最高経営責任者）やCOO（最高執行責任者）、CFO（最高財務責任者）と並ぶ、マーケティング・販売部門の最高責任者のことである。

小寺淳一は国内と海外、つまりソニーグループ全体の営業・販売部門の最高責任者になったのである。そしてやがて、小寺の「反対」意見に変化が訪れる。

「営業・販売を全部預かって調べてみると、販売会社（子会社）を含めた国内営業全体で三百億円近い累損（累積債務）があったんです。これは大変だと思い、すぐに（社長の）出井と（会長の）大賀に報告しました。二人ともマイナスが販売会社にあるなとは感じていたようでしたが、改めて『そんなにあるのか』と驚いていました」

小寺淳一氏

そのころ、ソニーの最終利益（単独決算）が百億円程度だから、販売会社などの累積損失を一掃するには、単純計算でも利益を全部回したとしても三年はかかることになる。三百億円という金額が、親会社ソニーにとっていかに大きな負担だったかが分かる。

そのような惨状の原因を、小寺自身はこう分析していた。

「ある意味では、国内の営業は事業部(当時はカンパニー)と密接といいますか、密着している代わりに(事業部から)言われたことをそのままやっているみたいなカルチャーがあったのではないか、と横から見て感じました。だから、何か施策を打つにしてもカンパニーサイドが『じゃあ、今度は拡販費を出そう』ということになりがちで、営業が寄りかかった姿勢になっているな、と。商品にしても、できたものを黙って売るのが仕事みたいなことでやってきていた」

ソニーの営業・販売部門は自ら利益を出すという責任体制が明確になっておらず、とても自立した組織とは言えなかった。ここに至って、小寺は出井が「ソニージャパンを作ろう」と言い出した真意を理解したのだった。国内市場でソニー製品のプレゼンスを高めるためには、国内市場を専任とする、自立した組織が必要だったのである。

CMOとして全体の営業・販売の現況を踏まえたうえで、小寺は「前言を翻して、やはりゼロセットで会社を作ったほうがいいな」と方向転換を決意したのだった。

出井からの「宿題」

社長の出井伸之が国内営業のトップにするべく小寺淳一に働きかける一方、その小寺を支える陣容作りは一足早く動き出していた。出井がスタッフを小寺のもとに差し向けてまもない一九九六年一月初旬、副社長兼CFOの伊庭保は米国出張中だった小寺の部下の澤田敏春を電話口に呼び出して「お前、国内営業をやれ」と異動を命じていた。ぶっきらぼうな口調は、伊庭のいつものクセだった。それにもまして澤田が訝《いぶか》ったのは、ミッションらしいミッションが何もなかったことである。具体的な指示を得られないまま、澤田は早々に帰国した。

澤田が本社に顔を出すと、社長の出井に呼ばれ、出井は「国内をちゃんとしようよ」という言い方で出井流のミッションを与えた。そのころ、国内営業の売上高は約四千八百億円で、競合他社であるシャープやキヤノンは国内で七千億円以上のビジネスを展開していた。しかもソニーの国内営業は、ここ数年深刻な赤字が続いていた。AV不況の真っ只中とはいえ、競合他社の国内営業と比較したとき、かなり見劣りがしたのは事実である。出井の不満は、本社がある日本でのソニー製品のプレゼンスの低さにあった。

ソニーのエレクトロニクス事業の売上高は海外市場が約七〇パーセント、国内市場では三〇パーセントという割合であった。出井は国内のビジネス規模が小さいから国内市場をもっと開拓しろ、というのである。

出井は同時に、澤田に「流通に引っ張られているだけだと、インダストリーは絶対に広がらない」とクギを刺すことも忘れなかった。出井のいう「流通」とは、家電量販店や地域の電気店など一般小売店のことである。そうした販売現場では、「この製品は、売れているから儲かる。だから売る」という傾向にある。たとえば、ソニーが次の稼ぎ頭にしたいと考えた有力な新製品を売り出すさい、売り場でのプロモーションを含めた協力を求めても「それほど有望な商品なら、まずソニーショップで売ってみてください。それで売れたなら、私たちはもっと売ってあげます」といった反応も珍しくなかった。

しかし流通側の「選り好み」に従ってソニー製品の販売を任せていたら、一部の商品だけが売れて終わりということになりかねない。インダストリー（産業、製造業）、ここではAVメーカーとしてのソニーの事業を指すものだが、出井は一部ではなくいろいろなソニー製品が売れること、もっというならまんべんなくすべてのソニー製品が売れることでソニーのインダストリーは拡大すると指摘しているのである。

インダストリーを拡大できれば、つまりソニー製品がまんべんなく売れるようになれば、国内営業の再建は可能だし、さらなる飛躍がソニー全体の発展につながるというのが出井の考えなのである。そのためには、国内の販売・営業部門が明確なマーケティング戦略を持つことであり、それを推進する体制を整えることであった。

しかし現実には、ソニー全体の利益を優先させるためには何をしなければならないかといった明確な「方向性」を営業・販売部門が持たなければいけない時でも、営業現場では目先の利益を求めて各人が好き勝手に取り組み、責任者は「今日のバジェット（売上目標）が第一です」と躊躇《ためら》いもなく答えるのが普通であった。

そのような現場の意識を変えることも、出井が澤田に求めたひとつである。

澤田敏春は国内営業本部が四月に設置されたとき、国内営業本部経営企画部門長に就任している。そして全世界の営業・販売部門を小寺が、国内のコンシューマー部門は二十年の経験を持つ林誠宏が担当した。

ところで、国内営業が抱える根本的な問題を把握した小寺たちだったが、その解決のためにはどのような組織でなければならないか——肝心の課題に対する解はまだ持ちあわせていなかった。出井からの宿題は、手つかずのままだったのだ。

「製造」と「販売」、分離構想

しばらくして、小寺淳一は澤田敏春を伴って、ソニー本社に社長の出井伸之を訪ねた。出井が小寺に当初求めた「ソニージャパン」の構想について、どう理解すればいいのか、そしていかに進めるかを相談するためであった。小寺は出井に対し、率直に「どのような組織（会社）にしますか」と意向を打診した。

翌五月には、ソニーは創立五十周年を迎える。そして三カ月後の八月には、五十周年記念事業のひとつとして、すべての販売会社の社員三千人を集めてパーティを開催することが計画されていた。出井は、その席上で「来年、（全販売会社を）統合した新しいマーケティングの会社を設立します」と発表できることを望んでいた。

そのためには、小寺たちが一刻も早く「新しい会社」のコンセプトを完成させる必要があった。出井は、小寺と澤田に改めて「八月のパーティで、新しい販売会社の設立を発表してもいいか。よく考えてくれ」と念押ししたのだった。

小寺と澤田の二人が求められている「解」は、二つあった。ひとつは、新しい販売会社はどのようなコンセプトの会社にするべきか。もうひとつは、翌年の設立に間に合うか、であった。

以後、二人は協議を重ねる。

その過程で生まれたアイデアが、ソニーを「製造」と「販売」の二つの会社に分離するというものである。国内営業本部と販売会社（子会社）を統合して、社外に国内の営業と販売を専任で行う別会社を設立するのである。ただし別会社方式に関しては、もうひとつ別のアイデアもあった。それは、すべての販売会社をひとつのカンパニーに集約し、ソニー本体に取り込むことである。つまり、他のカンパニーと対等かつ独立した組織にするというものである。

ふたつの別会社方式案に対し、社内には根強い反対論があった。それは、トヨタ自動車がトヨタ自動車工業（製造）とトヨタ自動車販売（販売）に製販分離していた過去を改め、一九八二年に製販合併で一体化して「世界のトヨタ」へ駆け上る成長を目の当たりにしていたからである。

国内の営業販売全体に最終責任を持つ組織を作ることに対して、ソニーの役員会では誰も反対しなかったものの、その組織をどこに置くかで意見は分かれた。社長の出井は社外に別会社として設立する案に賛成だったが、会長の大賀典雄はトヨタ自動車のような製販一体案を支持した。結局、社内の意見はまとまらなかった。

八月のパーティの席上、出井のスピーチは「来年には、新しい国内の営業販売の統括会社、たとえば（販売会社など八社を統合して）マーケティングを統括するソニージャパンみたいなものを検討させている」といった内容に止まった。

社外にソニーと同格の会社を

その後、小寺たちに林誠宏や企画部門のスタッフも加わって、新会社設立に向けて課題を詰めていく作業が進められた。そして十一月には、新会社設立のためのプロジェクトが正式にスタートするところまで来る。

しかしその時点になっても、国内の営業販売に責任を持つ組織をどこに置くべきかという本質的な問題に関しては、依然として結論は出ないままであった。社外に置くことにはカンパニーのプレジデントからの賛成は得られなかったし、会長の大賀も強固に反対していた。他方、新会社設立のプロジェクトチームでは、澤田が社外に置くこと、それもソニーと対等かつ、独立した会社として設立すべきだと考えるようになっていた。

その理由を、澤田はこう述懐した。

「ソニーでは、まず技術の延長線上に商品があります。商品を作るところまでが、技術の延長線上なんです。では商品の延長線上にお客様がいるかといえば、いない。いなかったから、国内の(ビジネスの)規模が膨らまなかったんです。そうなると、製・販というのはひとつの仕事ではなくて、どうも役割が二つありそうだと思えてきたんです。つまり、商品をクリエイトすることと、お客様をクリエイトする＝需要を喚起することの二つの明確な役割がありそうだなと思ったんです」

ソニーに限らずメーカーの開発・生産現場は、良い商品を作ったのだから、それを売るのは営業の仕事で、売れないのは営業の責任と考える傾向にある。しかし現実は、たとえ新しい技術を導入した優れた商品であっても、市場のニーズに合わなければ、またニーズがなければ売れない。他方、営業販売の立場からいえば、売るためには市場のニーズがある商品を作って欲しい、ということになる。しかしそのような営業販売サイドの意見は、社内ではなかなか通らない。というのも、メーカーでは利益を生む製品を作っている開発製造現場の発言力が営業販売よりもはるかに強いからだ。

澤田が指摘したように、たとえ二つの明確な役割分担があったとしても、ソニー社内ではカンパニーの発言力が強いため、営業販売の責任組織が社内にある限り、もうひとつの役割を果たすことは困難を極めたのではないか。

そのような私の素朴な疑問に対し、澤田は社外に新会社を設置すべきだと考えるようになった契機をこう説明した。

「国内営業本部のころ、うちの人間がカンパニーに広告宣伝費を三億円貰いに行ったんです。そうしたら、『バカなことを言うな、お前。その前にやることがあるだろう。売り上げを伸ばしたら広告宣伝費をあげるよ』と言われて、『すいません』と謝って引き揚げてきているわけです。その報告を受けたとき、（新会社は）カンパニーと同格程度じゃ、絶対にダメだと思いましたね。それ以上の立場じゃないと」

さらに、こう言葉を継ぐ。

「お金を貰いに行って、相手にダメと言われたら、何も言えない。これは、プロフィットセンターとコストセンターの差なんです。カンパニーは前者ですから、先行投資を含め投資ができます。国内営業本部は後者で、利益をあげる所ではありませんから、（お金に関しては）ある一定の枠がはめられています。この差が、現実にはものすごく大きかったですね。ですから、（国内の営業販売を統括する組織は）意思決定できる、責任を持つ体制――プロフィットセンターで独立した組織でなければいけない。ソニー（本社）と同じものを作ろうと思いました。つまり、ソニーと同格の会社を、です」

要するに澤田は、ソニー製品の価格を決めて市場に出すのが新会社ならば、その広告宣伝費も新会社がすべて握ると主張しているのである。具体的にいえば、新会社がカンパニーから商品を「仕入れ」て、家電量販店やソニーショップなど地域の電気店に「卸す（売る）」という仕組みも指している。そのさい、販売促進のための広告宣伝活動も新会社が独自の判断で責任を持って行う。当然、営業活動で生じた損益に対する経営責任は、新会社が負うことになる。

以上のような営業活動を独自の判断と責任で行うことが、澤田のいう新会社がソニーと同格、対等の組織になるという意味である。

かくして、澤田は新会社の組織的独立を目指し、突き進む。トップの小寺淳一とはすぐにコンセンサスがとれたものの、各カンパニーのプレジデントの強固な反対が予想されるなか、理想とする新会社の実現はいかに多くの経営幹部を味方にできるかにかかっていた。

しかし小寺たちが実際に動き始めると、意外なほど順調に進んだ。社長の出井伸之は全面的な支持を約束してくれたし、自ら旗振り役を買って出たほどであった。また二人の副社長、伊庭保と森尾稔も進んで応援団になってくれた。森尾はすべてのカンパニーを統括する立場にあったし、伊庭はカンパニーを含む戦略面の担当であった。その二人の実力者が「一度、やらせてみろ」と言い出せば、カンパニーのプレジデントで反対できる者などいなかった。

大賀会長を説得

むしろ最大の難関は、会長の大賀典雄だった。

大賀は、一貫して反対の姿勢を崩さなかった。彼が反対する主な理由は、二つである。ひとつは、大賀には国内の営業販売部門をソニーの内部に入れるべきだと説得されて同意した経緯があったことである。大賀にすれば、社内組織にするべきだと主張するので了承したら、今度は外へ出せとまったく理屈の合わないことのように感じたのだ。

もうひとつは、製販一体化で成功したトヨタ自動車のケースを、トヨタの経営幹部から直接学んでいたことである。つまり大賀は、製販一体化のメリットを知り尽くしていたのである。その大賀を、小寺たちは説得できるのか——。もし説得できなければ、新会社設立を断念するしかなかった。

一九九七年一月、ソニー本社で経営会議が開かれた。

議題は、国内の営業販売の責任を持つ、独立した新会社設立の承認である。もっというなら、会長の大賀の承諾の有無である。

当日の経営会議の様子を、澤田はこう回想する。

「一時間の経営会議のうち、極端にいえば、大賀さんは五十九分間、ずっと反対されました。最後の一分になったとき、『じゃあ、やれ』と承諾をいただきました。ですから、ずっと(製販一体を良しとする)信念がおありだったんですね」

大賀自身は、後日私のインタビューで承諾した理由を、こう説明した。

「出井君がどうしても(新会社は製販分離でなければ)ダメだと言うから、そこまで言うならと認めたけども、その代わり二度と(ソニーの)中に入れるのは認めない、と。もう(営業販売を)出したり入れたりするな、ということを条件にしました」

ＳＭＯＪの誕生

一九九七年四月一日、国内市場でコンシューマー機器のマーケティング・販売を統括する「ソニーマーケティング株式会社(ＳＭＯＪ)」が設立された。本社を東京・港区高輪に置き、資本金八十億円、従業員数は約三千七百人、売上規模は約四千八百億円である。経営陣には、社長に小寺淳一、専務に林誠宏と澤田敏春の二人が就任した。

ＳＭＯＪは地域の販売会社など八社を吸収合併するとともに、国内営業本部の主要部門とソニー本社の広告宣伝部門などが移管された。広告宣伝部門ひと筋でウォークマンの発売に携わった前出の河野透もこのとき、本社の広告宣伝から取締役としてＳＭＯＪに移ってきている。

一年後には、放送・業務用機器(ノンコン)の営業部門もＳＭＯＪに移管されているので、ＳＭＯＪは名実共に「国内市場」におけるソニーの全製品のマーケティング・販売を統括する唯一の会社となったのだった。

第3章

「ソニーらしさ」への挑戦

五十周年記念モデル

一九九五年四月の社長就任以来、出井伸之は「ソニーらしさの復活」を掲げ、各カンパニーには「ソニー製品はユニークでなければいけません。そして品質がよくなければいけません」と繰り返し訴えてきた。つまり、「ソニーらしい」製品の開発をカンパニーに求めたのである。そのための環境を整える第一歩として、前述したように「生産効率を第一」としたカンパニー制を事実上「解体」したのである。

そのさい、長期の研究開発が必要な案件は本社に移し、カンパニーでは短期の商品開発に専念できる体制に改善した。そのうえで、出井は各カンパニーに具体的な目標を与えた。それは、のちに「五十周年記念モデル」と呼ばれる、それまで市場になかった新しい画期的な商品の開発を求めたミッションである。

ソニーは、一九九六年五月七日に創立五十周年を迎える。それを祝う記念イベントがソニー本社では、いろいろと計画されていた。そのひとつとして、出井は「五十周年記念モデル」の開発を各事業部にミッションとして与えたのである。つまり各カンパニーのエンジニアに「ソニーらしい」製品の開発を求めたのだ。

結果から先にいえば、五十周年記念モデルはヒットし、ソニーの業績向上に大きく貢献し、この試みは成功する。その中でも「新しい市場」を開拓したという意味で、ブラウン管式平面テレビ「WEGA（ベガ）」を紹介したい。

テレビ事業担当のディスプレイカンパニーでは「テレビを楽しくしたい」というテーマのもと、アイデアを募集したところ、二つの提案があった。ひとつは、映画のスクリーンのような歪みのない映像をテレビ画面でも楽しめるようにした「平面テレビ」のアイデアである。ブラウン管の表面は球状のため、テレビ画面の隅にいけばいくほど丸みを帯びる。つまり、映像が歪むのである。だから、ブラウン管の表面を映画のスクリーンのような平面にして「テレビを楽しくしたい」というのである。

もうひとつは、標準(SD)放送をハイビジョン(HD)放送と同程度の画質に変換して、高画質・高精細な映像で「テレビを楽しくしたい」というものだ。

標準放送の四倍密度の高画質を誇るハイビジョン放送は始まっていたものの、NHKや民放各局で放送される番組の数はきわめて少なかった。そのため、ハイビジョンテレビを購入した一般ユーザーから放送局よりも販売したメーカーに対し、多くの苦情が寄せられていた。「ハイビジョンテレビを買ったのに、高画質な映像が楽しめない」というのである。

もちろん、それはメーカー側の責任ではない。メーカーがテレビ局に代わってハイビジョン番組を制作して放送できるわけがないからだ。とはいえ、高価なハイビジョンテレビが普及すればするほど、メーカー側には多くの利益がもたらされる。その意味では、メーカー側にとってもユーザーからの苦情は他人事ではなかった。

そこでソニーでは、標準映像をハイビジョンクラスに変換する、独自のデジタル高画質技術「デジタル・リアリティ・クリエーション(DRC)」を開発し、一般ユーザーの要望に応えたのである。

創立五十周年の翌九七年七月、ソニーは「平面ブラウン管搭載トリニトロンカラーテレビWEGA」(シリーズ)を発売した。正確にいえば、DRCを搭載したハイビジョンテレビと標準テレビの二種

ブラウン管式平面テレビ「WEGA」
（初代，DRC 搭載）

類である。平面テレビそれ自体は一足先に「ＦＤトリニトロンカラーテレビ」として発売されていたが、ＤＲＣ搭載のハイビジョンテレビの発売を契機に新たに立ちあげた商品ブランド「ＷＥＧＡ」（シリーズ）に統合されたのである。

七月の発売開始以来、ＷＥＧＡは大ブレイクする。当初の狙い通り、スクリーンのような画面の平面ブラウン管の見やすさに加えて、ＤＲＣ搭載のタイプでは標準放送をハイビジョンクラスの高画質・高精細な映像で楽しむことができたからである。多くの一般ユーザーの支持を得て、ソニーは「平面テレビ」という新しいテレビ市場を作り出すことに成功したのだ。

当時、ソニー以外の日本の家電メーカーは、米国のＲＣＡが開発した「シャドーマスク方式」のブラウン管を自社カラーテレビに採用していた。それに対し、シャドーマスクの画質に満足できなかったソニー創業者の井深大は、独自にブラウン管の開発に乗り出す。それが、「トリニトロン方式」と呼ばれるブラウン管である。画質的にはトリニトロンのほうが優れていると言われたが、技術的な難易度が高く、そのためソニーは多大な資金と時間、労力を投入することになった。

そしてようやく完成させたものの、カラーテレビの量産化に出遅れ、しかもトリニトロン方式を積極的に採用する他の国内メーカーもなく、コストダウンが容易に進まなかった。トリニトロンは市場ではシャドーマスクのカラーテレビに対し、十分な価格競争力を持ちえなかったのだ。

そのうえ、国内のテレビ市場では「販売の松下」と畏怖された松下電器産業(現、パナソニック)が強力な販売網を活かし、圧倒的なシェアトップの座にあった。他方、ソニーのトリニトロンカラーテレビは出遅れと割高な価格、販売網の弱さから市場シェアは「万年四位」と揶揄されるほどだった。

WEGAの躍進

ところが、WEGAの大ヒットでテレビ市場の様相は一変する。

WEGA発売の翌一九九八年のカラーテレビの国内市場シェア(出荷台数)では、トップの松下電器の一八・二パーセントに一・七ポイント差まで肉薄する一六・五パーセントを達成し、翌九九年もトップの松下の一八・一パーセントに対しほぼ肩を並べる一八・〇パーセントを獲得したのである。

一九九九年十二月、私はクリスマスと年末商戦を控えた東京・秋葉原の電気街や郊外の家電量販店のテレビ売場を回った。というのも、ソニーのWEGAの躍進が本物なのか、それとも一時的なものなのか、自分の目で確かめたいと思ったからである。

各店のテレビ売場の目立つ場所には、各メーカーの平面テレビが所狭しと展示されていた。丸みを帯びた画面のブラウン管テレビは、ほとんど見かけなかった。

そこで私は、秋葉原にある大手家電量販店のテレビ売場の責任者に、平面テレビの売れ行き事情を率直に訊いてみることにした。

——いま一番売れている平面テレビは、どのメーカーのものですか。

「それはもう、ソニーさんですよ。お客様の要望に沿って販売していますから、売り場や店頭でソニー製品を特別扱いして(お客に)勧めるようなことはしていません。それでも、うちでは(平面テレビの販売台数の）七割ぐらいがソニーさんですね」

別の家電量販店では、ＷＥＧＡが「売れる」理由をこう説明した。

「いまは平面テレビでなければ、（テレビは）売れません。そのうち七割から八割が、ソニー製です。とくにＤＲＣが搭載されたＷＥＧＡシリーズの平面テレビは、他社のテレビ画面ではテロップの白い文字がちらついて見えるのに対し、ほら（と展示されているＷＥＧＡの画面を指さし）、ちらつかないでしょう。私の自宅の平面テレビもＤＲＣの入ったソニーのベガですが、ＤＶＤを再生すると、画質が格段によくなっているのがよく分かります。本当に、ＤＲＣの効果はすごいですよ」

映画作品のＤＶＤはデジタル録画されても、映像はＳＤの画質である。それをＤＲＣはハイビジョンクラスに変換するわけだから、ＷＥＧＡの画面の映像が高精細に見えるのは当然である。ここが、ＷＥＧＡと他社の平面テレビとの決定的な違いである。見れば分かる画質の差別化が、ＷＥＧＡの圧倒的な強味なのである。

二〇〇〇年以降も、ＤＲＣ搭載のＷＥＧＡの躍進は続いた。ＷＥＧＡシリーズの成功で息を吹き返したソニーのテレビ部門は、それまでの王者・松下電器と互角か、それ以上の戦いを各商戦で繰り広げたのだった。

ＶＡＩＯでＰＣ事業に再参入

五十周年記念モデルの製品ではないが、同時期には、もうひとつの「ソニーらしい」製品が発売されていた。それは、ＷＥＧＡ（シリーズ）の発売と同時期には、家庭用パソコン（ＰＣ）「ＶＡＩＯ（バイオ）」シリーズの発売である。しかしソニーのコンピュータ事業の歩みを振り返れば、そこには撤退の繰り返しで死屍累々の商品群が見える。

ソニーにとってコンピュータ事業の芽生は、電子式卓上計算機「ＳＯＢＡＸ(ソバックス)」である。しかしソバックスは、シャープとカシオ計算機の激しい「電卓戦争」で繰り広げられた価格競争の前に撤退を余儀なくされている。また英文用のワードプロセッサ(ワープロ)などのコンピュータ応用機器の開発にも挑んだが、いずれもビジネスとしては成功しなかった。八二年には、松下電器など日本家電メーカー各社と共同してマイクロソフトが開発したＯＳ「ＭＳＸ規格」を採用した八ビットの家庭用ＰＣを商品化し、出遅れていたパソコン市場に進出したものの、当時人気を博していたテレビゲームに惨敗している。その時のＭＳＸパソコン事業の責任者が、のちのソニー社長の出井伸之である。一時的な成功としては八七年のワークステーション「ＮＥＷＳ」や「クォーターＬ」シリーズがあるものの、いずれも市場から長期の支持を得ることはできなかった。つまり、ソニーにとってコンピュータ事業、ＰＣ事業は鬼門だったのである。それゆえ、ＰＣ事業への再参入が発表されたとき、ＡＶ(音響・映像機器)全盛時代にあったソニー社内の風当たりは強く、社外からは「トゥー・レイト(遅すぎる)」と呆れられたのである。

それでも、社長の出井伸之にはＰＣ事業に再参入する十分な理由があった。

出井は社長に就任すると、「リ・ジェネレーション」と「デジタル・ドリーム・キッズ」という二つのキーワードを用いて、全社員にソニーの「変化の必要性」(前者)と「変化の方向性」(後者)を訴えている。前者は人間が本来持つ保守性を否定し、変化こそがソニーの本質であり、創業の精神に立ち返ることを求めたものだ。後者は「アナログからデジタルへ」という技術の方向性を示すことで、ソニーの未来がデジタル・ビジネスにあり、それに向けて大きく舵を切ったと宣言したものであった。

ところが、ヒットした五十周年記念モデルは、ほとんどがアナログAVの製品だった。それゆえそこには、ソニーの未来はない、と出井は考えていた。だから、成功に甘んじるのではなく果敢に「アナログからデジタルへ」という変化の時代に挑戦して欲しい、と全社員に変化の必要性と方向性を訴えたのである。

デジタル技術の塊といえば、コンピュータである。

そして撤退を繰り返していた時代が「オフィス」を舞台にしたビジネスなら、出井の時代は「パーソナル」な舞台のビジネスである。つまり、パソコン(PC)市場が急速に拡大しつつあったのだ。

出井自身は、PC事業への再参入の意図を当時、私にこう説明した。

「私が八二年頃にPC事業を担当していた時は、パソコンはデータ処理の機械でした。当時はメモリー(記憶媒体)は高価で、CPU(中央演算処理装置)のスピードも遅くて、とても話になりませんでした。ところが、私が社長になった九五年にはCPUは速くなっていたし、メモリーも安い。そこで、音楽と映画、音楽とデータを十分に扱えるのではないかと思ったわけです。だから、ソニーのVAIO(バイオ)はパソコンじゃない、オーディオと映像を扱える、エンタテインメントを扱う機械として企画・開発をし、販売もするのだと主張したわけです。また、そういうことが可能な時代になったのです。PC事業への再参入は、最初からたんなる参入ではないということが大前提でした」

コンピュータは当初、「電子計算機」と訳されていた。つまり、計算する機械だったのである。ところが、政府機関が人口や職業などの統計に使用したり、民間では出版社が雑誌の定期購読者の氏名・住所などの管理に利用し始めるなど、計算機以外の用途が拡大していくにつれ、情報処理の機械として開発もビジネスも発展していく。

そしてコンピュータは情報処理の機械から、出井の言葉を借りるなら、いまや音楽や映像なども扱う画像処理の、エンタテインメントの機械へと変化する時代を迎えたのである。

一方、シリコンバレー在住のあるコンサルタントは、一般論と断ったうえで、エレクトロニクス・メーカーがPC事業に進出する意味を当時、こう説明してくれた。

「パソコン事業はエレクトロニクス・メーカーにとって、コアスキル(中核技術)です。パソコン部門を持てば、ハイテク産業に必要な情報が入ってくるし、そのやり方も分かります。パソコン事業に乗り出せば、企業としても強くなります。シェアにこだわる必要はないと思いますが、パソコン事業を安定して続けるためには、ソニーとしては五パーセント前後のシェアは欲しいところでしょう。それにパソコン事業はそれに止まることなく、次にはパソコンとテレビの融合で新しいビジネスが生まれることも分かっていますし、すでにその射程に入ってきているので、(出井は)その必要性を十分に感じていると思います」

出井は二つのスローガンを掲げた翌九六年には、目指すべきソニーの将来像の実現のために必要な「三つのチャレンジ」を提示している。

ひとつは「本業のエレクトロニクスの挑戦」である。世界有数のAVメーカーとしての立場の強化と、来たるデジタルネットワーク社会に備えて積極的にIT(情報通信技術)を取り入れていく。つまり、AVとITを融合した製品の開発である。

二つ目が「エンタテインメント・ビジネスの挑戦」である。世界的な音楽会社と映画会社を保有するソニーにあって、ソフトおよびコンテンツ・ビジネスにおける適切なマネジメントの確立である。

最後は「エレクトロニクスとエンタテインメントを融合し、新しい事業領域を開拓する」ことである。つまり、創業者の盛田昭夫や大賀典雄の歴代トップが唱えた「ソフトとハードの融合」、あるいは「ソフトとハードの相乗効果」を目指すものだ。つまり、出井はソニーの未来像を「総合エンタテインメント企業」と考えていたのである。

VAIOで変化を起こす側に

ただし、VAIOの発売当初、売れ行きはお世辞にも順調とは言えなかった。

バイオカラーと名付けられた、従来のパソコンでは考えられない紫をややグレーにした色調やデザインは家具やインテリアなどとの調和が図られ、評判を博したものの、パソコンとしての機能そのものの評価は高くはなかった。というのも、VAIOを含むほとんどのパソコンはOSにマイクロソフト社のウィンドウズ、CPUには半導体メーカーのインテル社製を採用しており、別名「ウィンテル・マシン」と呼ばれ、機能面で差別化することは難しかったからである。

ソニーは米国市場では、日本よりも半年以上早くデスクトップ型のVAIOを発売していたが、深刻な売れ行き不振に陥っていた。有力経済誌『ビジネスウィーク』からは「二百億円を投じても一パーセントのシェアも取れなかったソニー」と揶揄される始末であった。

しかしそんな状況を一変させたのは、一九九七年十一月に発売されたノートパソコン「505」シリーズの大ヒットだった。というのも、厚さ二三・九ミリは当時の世界最薄、重さも一キロ足らずという手軽さが若者、とくにそれまで主要なPCユーザーとは見なされなかった女性に圧倒的な人気を博したからである。発売当初は「際物」扱いした同業他社だったが、505シリーズの人気はその後も衰えず、逆にB5判のサイズは「サブノート型」として認知され、新しい市場が作り出されると、われ先にと先を争って参入してきたのだった。

505シリーズのヒットによって、ソニーは遅れて再参入したPC市場ではトレンド(流行の流れ)を追う立場から、逆に「サブノート」市場ではトレンドを「創り出す」立場に変わる。パソコンを始めデジタル製品は商品サイクルが短く、市場の変化は速い。変化を追いかける立場だと、対応に追われ十分な勝算を見出すことは難しい。しかし変化を起こす側に回れば、先行しているゆえにビジネスチャンスが増える。

VAIOはたしかにウィンテル・マシンだったが、自分の専用のアルバム作りなどができるように音楽や動画の編集機能を充実させることで、つまりAV機能を優先させた専用機に仕上げれば、他社製品との差別化は可能である。世界有数のAVメーカーとしての強味を活かすことができる。

以後、ソニーでは三カ月毎に新しいコンセプトを打ち出し、斬新な製品を市場に送り出していく。たとえば、CCDカメラ内蔵のモバイルノート「C1」シリーズ、ビデオ編集もこなす高機能ノートパソコン「XR」シリーズ、ビジネスにも使える標準のノートパソコン「F」シリーズ、MDドライブ内蔵のAVパソコン「MX」シリーズ、テレビ番組を録画できるハイエンドの「R」シリーズなどである。

かくして、VAIOはPC市場で変化の主導権を握ることに成功する。

VAIO ノートパソコン「505」

その結果は、他社はＶＡＩＯが創り出すトレンドに振り回されることになった。ソニーは、ＰＣ市場で優位にビジネスを展開できるようになり、一時は二〇パーセント近い市場シェアを占めるまでになったのだった。

「ソニーひとり勝ち」の時代へ

そうした「ソニーらしい」製品の復活と躍進は、数字にも明確に表れた。

創立五十周年の翌一九九七年三月期の連結決算で、ソニーは過去最高の業績を残している。エレクトロニクス分野では対前年比二〇パーセント前半の伸びを見せたのを始め、それ以外のエンタテインメント分野などでも着実に売上高を伸ばし、売上高は五兆六千六百三十一億円を達成、対前年同期比で二三・三パーセント増である。また、営業利益では三千七百三億円で同五七・四パーセント増、最終利益は一千三百九十五億円で同一五七・一パーセント増であった。

さらに翌九八年三月期の連結決算でも、売上高は六兆七千五百五十四億円、営業利益は五千二百二億円、最終利益は二千二百二十億円を達成し、二年連続での過去最高の業績となっている。

そうしたソニーの躍進に対して、メディアは「ソニーのひとり勝ち」と囃し立てたものである。以後しばらくは「ソニーの春」は続くことになる。

しかし「アナログからデジタルへ」舵を切ったソニーにとって、解決されるべき本質的な問題は残されたままであった。指摘したように、五十周年記念モデルを始め主なソニー製品はアナログである。のちに「デジタル家電」と呼ばれる製品群への取り組みは、ソニーにとって急務であることに変わりはなかった。

第4章

考える営業マンを育てる

ＳＭＯＪの現場へ

創立五十周年記念モデルやＶＡＩＯシリーズなど「ソニーらしい」製品のヒットで、ソニーは改めてエレクトロニクス・メーカーとしての存在感を社会に示した。

それにともない、開発・製造と販売営業はメーカー経営の両輪と考える私に対し、「ソニー（本社）と同格の会社」を目指して設立されたソニーマーケティング（ＳＭＯＪ）は、その設立趣旨を会社の隅々まで、つまり全社員に行き渡らせることに成功したのであろうか――という疑問、いや関心を強く抱かせることになった。そこで、自分の目でそのことを確認したいと考えたのである。

それも東京や大阪など大都市（圏）の職場ではなく、地方の有力都市か、ないしはもっと小さな都市で活動するＳＭＯＪの姿を見たいと思った。というのも、大きな組織よりも小さな組織、大人数よりも少人数のほうが見きわめが容易だし、現場で何が起きているかも理解しやすいのではないかと考えたからである。

いくつかの候補地から私は、ＳＭＯＪ中国支店を選んだ。中国支店（広島市）の営業エリアは広島県と山口県、島根県の三県で、広島市や山口市など六カ所に営業所を持っていた。商圏人口は五百二十万人、百八十万所帯である。

中国支店を選んだ理由は、地方の有力都市・広島市が営業エリアに含まれていたこと、加えて大阪の影響をあまり受けていなかったことだ。大都市・大阪からの影響をあまり考慮せずに中国支店の営業活動を取材できることは私には魅力的だった。広島を中心に見れば、私の目的はほぼ果たされるのではと考えた次第である。

二〇〇一年二月上旬、私は広島市にＳＭＯＪ中国支店を訪ねた。

私を出迎えてくれたのは、中国支店長の吉藤英次だった。支店社員六十四名を率いる吉藤は入社以来、営業畑一筋の人物で、見るからに営業マン然とした風貌をしていた。褐色に日焼けした顔、がっちりとした体格、そして口を開くたびに部屋中に響きわたる大きな声――それまで私が思い描いてきた典型的な営業マンの姿である。

同時に、当時四十八歳の吉藤は見た目と違って人当たりがとても良くて、包容力のある親分肌の上司のように見えたのも事実である。

吉藤は私を別室に通すと、中国支店の状況および営業活動について、簡単なレクチャーを始めたいと申し出た。彼の傍らには、支店本部の二人のスタッフが控えていた。ひとりはエリア推進課の中本隆則（統括課長）で、もうひとりは坂本光男（ＭＫ担当マネジャー）である。

こうして、吉藤と彼の二人のブレーンによるレクチャーが始まる。それは三時間近くにも及んだものの、私にはよく分からなかった。とはいえ、彼ら三人の説明の仕方が悪かったからだ、と言うつもりはない。

中国支店の営業活動やそれまでの取り組みを図式化・ビジュアル化するなど三人の説明は分かりやすく整理されており、しかもそれらを大画面のスクリーンに映し出したうえで、ひとつずつ丁寧に説明されたわけだから、これほど簡潔明瞭なレクチャーをそれまで私は他で経験したことはなかった。

なのに、どうして私には理解できなかったのか。

じつは私が想像していた営業・販売の実態と彼らの説明があまりにもかけ離れていたため、私の頭は混乱し収拾がつかなくなってしまっていたのだ。そのため吉藤たちの丁寧な説明は、私の右の耳から左の耳へと抜けていくだけだった。

なにしろ、彼らの口からは「営業所単位でのP／L管理」や「マトリックス型オペレーション」、「ソリューション型営業へ」、「プロジェクト単位の仕事と評価」といった耳慣れない用語が次々と飛び出したうえ、「エコ会議」や「オフサイトミーティング」などの中国支店独自の単語まで連発されたのだから、そのたびに見知らぬ言葉の意味を問い質したり確認したりで、私は先に進めなかったのである。ありていにいえば、アップアップの状態にあったのだ。

P／Lは損益計算書のことだが、B／Sの貸借対照表とともに企業の経営状態を明らかにする財務情報である。前者が一定期間（概ね一年間）の経営成績（利益の有無など）、後者が財政状態を表すものである。家庭（家計）に喩えるなら、前者が家計簿で後者が一家の資産の状況を示している。

SMOJの業績をP／Lで管理するのは会社として当然だとしても、それを所員十名程度の営業所にまで適用することに、どんな意味があるというのだろうか。取材初日は、疑問ばかり膨らむ一日であった。このままでは、当初の目的は果たせないまま取材が終わるのではないかという危機感が私を襲った。

SMOJの設立をどう受け止めたか

そこで翌日は、初歩的な質問から始めることにした。

吉藤のブレーン役の中本と坂本の二人に対し、SMOJの設立および名実共に「国内市場」におけるソニー製品の販売・マーケティングの唯一の会社になったことをどう思うのか、率直な感想を訊ねたのだ。

エリア推進課統括課長の中本隆則は、呉高等専門学校電気工学科を卒業した一九七六年四月、「中国ソニー販売」に入社する。

「電機メーカーに興味があったことと、初めて買ったラジオがソニー(製)だったことから、SONYというのが私の頭の中にあったんです。だから、学校に求人募集がきたとき、『ソニー』の名前が付く会社を探したわけです。その時に見つけたのが、中国ソニー販売という会社でした。で、迷わず(就職試験を)受けて入ったわけです。当時の私の気持ちは、とにかく『ソニー』という名前が付けばいいという感じでしたね」

入社後、中本は半年間の新人研修や中国管内の営業所での実地研修などを経て、最終的に鳥取県の米子営業所に配属される。そして一年間の内勤ののち、ルートセールス(小売店回り)に出るようになった。

当時のルートセールスの一日は――。

朝、家電量販店や特約店(代理店)、系列のソニーショップなどの小売店から営業所に電話で注文が入る。あるいは、その日に訪ねる予定の小売店に電話して注文をとる。そして注文をすべて書き留めると出庫伝票を書いて、営業所の倉庫から注文のあった商品などを取り出し、さらに棚卸表に記載してから一品ずつ商品を配送用のクルマ(営業車)に積み込む。それから、家電量販店などの小売店を一軒ずつ回っては、注文のあった商品を届けるのである。

そのようなルートセールスの日々を二年間過ごしたのち、中本は広島営業所へ転勤となる。広島でも米子時代と同様の仕事を六年間続けるが、その間には組織もシステムもいろいろと変わる。

たとえば、取引先が家電量販店であろうが、特約店やソニーショップなどの地域店(地域の電気店)であろうが、それまではひとつの販売会社(営業所)がすべて担当していた。それが販路別の販売会社に再編され、それぞれ別法人――地域店を担当する販売会社と家電量販店やデパートなどの大型店を担当する販売会社――になったのである。

また、朝の注文取りは女性社員が担当し、商品の出庫手続きも倉庫係が行うなど分業化も進められた。

しかしそうした度重なる組織やシステムの変更があっても、中本たち営業現場の仕事にはほとんど影響はなかった、という。

「最前線に出ている営業にとっては、対(小売)店がすべてです。その意味では、ソニーの人間がソニー製品を持っていく(配達する)ということには何ら変わりがありません。あくまでも私たちセールス側に起きる変化であって、組織上だけの問題なんです。売り込んでいくら、とにかく買っていただくといった売上重視の営業(の仕事)は、組織上の変化があっても続きましたしね」

だからか、中本はSMOJ設立の話を聞いたとき、「また、昔に戻るんだなと思った」という。

「(「中国ソニー販売」など地域の販売会社から)いろいろ派生して分かれていったという経緯がありますから、SMOJとして一緒になると聞いた時も、現場から見れば、もともと(販路が)ひとつだったものが分かれ、そしてまた昔に戻ってひとつになるという印象のほうが強かったですね」

中本よりも四歳年下で、入社も五年遅い坂本光男の場合は、中本同様に営業一筋とはいえ、受け止め方が少し違った。

坂本はソニーのラジカセを買って以来、ソニーファンになったという。ただしソニー入社は、郷里の岡山で教員を志望したものの採用枠がなく、たまたま出席したソニーの会社説明会が縁で入社試験を受けることになり、合格したからだった。

坂本は、一九八一年四月に「東中国ソニー販売」に入社した。そして中本同様、配属された営業所でルートセールスに従事した。

「それまでは、一地方の販売会社として研修などで東京の販売会社と一緒になったとき、まったく世界が違うなと思ったものでした。でもＳＭＯＪになってからは、組織的なところを含めて一体感が出てきたように感じました」

さらに、こうも言った。

「ソニーマーケティングという社名からして従来の販売会社と違いますから、何か違うことをやるんだなと（ＳＭＯＪ設立を）受け止めました。マーケティングと販売ですから、従来と違ったマーケティングになるし、ただ売っていくだけじゃなくていろいろ予見して提案していく、数字を作っていくようになるのだなと感じました」

ＳＭＯＪの設立と同時に、中本隆則と坂本光男の二人は中国支店の勤務になった。中本は支店スタッフとして働き、坂本は浜田営業所長として営業の第一線に立った。

吉藤支店長の場合

そのころ、中国支店長の吉藤英次はＳＭＯＪ本社（当時、東京・高輪）で、統括課長としてビデオ関連の営業に従事していた。ビデオの営業は、吉藤のキャリアの中でも特異な位置を占めている。

ソニーは独自開発した家庭用ＶＴＲ（録再機）「ベータマックス」を発売したが、松下電器を盟主とする他の家電メーカーはベータ方式と互換性のないVHS方式を採用したため、一九八〇年代には両陣営の間で激しい「フォーマット戦争（ベータ対VHS）」が展開される。この争いで最終的にはソニーは敗れ、ベータ方式を捨ててVHS方式に乗り換えることになった。つまり、ソニーもVHS方式のVTRの製造・販売に踏み切ったのである。

そのフォーマット戦争のさなか、吉藤はベータマックスの売り込みのため営業の第一線で先頭に立って、取引先に対し「ベータは大丈夫です」と言い続けてきた。そんな吉藤の言葉を信じて、取引先はベータマックスを売り続けた。ところが、今回のベータからVHSへの乗り換えは、取引先の信頼を裏切る行為である。

吉藤は、取引先に対して本当に申し訳ないと思った。だからこそ、取引先に対して誠意を持ってお詫びと説明をすべきだし、それには担当役員がいの一番で店に出向くのが筋だと考えたのである。

吉藤は、直属の上司に直談判した。

「（営業の自分たちに）突っ込ませるだけ突っ込ませておいて、信じてついてきてくれたお店に対し事前に挨拶もなければ連絡もないというのは、どういうわけですか」

会社としては、記者発表の前に店側に通知するわけにはいかない。もしそれでマスコミに漏れでもしたら株価に影響を及ぼし、株主に対する責任問題などが生じて大問題になりかねないからだ。もちろん吉藤も、そんなことは百も承知である。だが、理屈で分かっていても、どうしても裏切られたという気持ちが先に立ち、ベータからの撤退を決めた役員を許せなかったのだ。

ちなみに、吉藤が店側へ出向いての説明を求めた担当役員は、のちに社長・会長を務める出井伸之である。

そんな熱血漢の吉藤が上司の窪田俊彦から呼び出しを受けるのは、ＳＭＯＪ設立の翌一九九八年一月のことである。窪田は、その場で吉藤に中国支店長の内示が出たことを伝えた。そのさい、吉藤に中国支店改革のミッションを与えた。

「そのエリアの責任者になる以上、一家の長なんだから、新しいことにチャレンジしてマーケットを開拓するとともに、社内(支店)の機構改革もしてこなくてはダメだよ」

「え、なぜ私なんですか」

吉藤は予想もしなかった異動に驚き、理由を聞き返していた。

それに対し、窪田は即答した。

「やっぱり、現場経験がないとダメなんだよ、この会社は。店を頂点とした末端を知っていないと、そこ(支店)のオペレーションはやれないよ。同じように、(支店の)社員に対してもそうだ。そのイロハが分かっていないと、やれないよね」

そのとき、吉藤には窪田の言う意味がよく分からなかった、という。

吉藤は、営業現場を踏んできた自分のキャリアを評価したうえでの中国支店行き、人事異動なのだなと理解することにした。しかしその後、中国支店が赤字経営であることを知らされ、驚愕することになる。

「経営計画を見せられたとき、(中国支店が)マイナスバジェットになっている、利益のない会社だったことが分かったんです。そのとき、私は『え、俺は赤字会社に行くんかい。こんな会社に行くの？』と思いましたね。それで、とにかく黒字にしなければ、支店のみんなの給料もボーナスもよくならない。だから、構造改革をしないといかんと考えたようなわけです。要するに、中国支店の再建だと思って（広島へ）行きました」

とはいえ、支店長の吉藤だけが危機感を募らせ、ひとり旗を振ってどうにかなるものではない。支店の社員一人ひとりが吉藤の危機感を共有するとともに、彼の改革の意図を理解して自主的に働くようにならなければ、再建の達成は夢のまた夢である。

しかもそのうえ、吉藤英次は中国支店では「余所者」である。ＳＭＯＪ本社の配下にある中国支店とはいえ、社員のほとんどは地元採用で、長年同じ土地で働いてきた者ばかりである。いわば共同体である中国支店に、余所者に過ぎない吉藤が自らうまく溶け込めるかどうかという問題もあった。

吉藤自身は、当時の気持ちを率直に語る。

「気持ちとしては、落下傘でひとり敵地に降ろされたようなものでした。しかも自分よりも年上のベテラン社員も、少なからずいるわけですからね。着任した当初は、とっても嫌な気分でしたね」

支店のシステムを見直す

一九九八年四月、吉藤英次は中国支店長に就任し、広島に赴任した。

そして吉藤は、当分の間は「黙って（支店内の）様子を見る」ことにした、という。それは支店の実情を正確に摑むためであり、同時に部下の評価を自らの目で確かめたいという思いからでもあった。

というのも、吉藤には自分の赴任前、つまり前任者が判断した各社員の評価を、そのまま引き継ぐつもりはなかったからだ。社員一人ひとりを改めて評価するさい、固定観念にとらわれたくなかったし、むしろ彼らの優れた面を新たに見出したいと考えていた。

ところが、当初は「黙って様子を見る」どころではなかった。前任者からの引き継ぎや取引先への挨拶回りなどで多忙を極めたのは事実だが、予想した以上に支店長としての日常業務が煩雑すぎたのである。

たとえば、吉藤にはどうしても得心のいかないことがあった。吉藤が早朝に支店長席に着くと、机の上に稟議書や報告書など支店長の決裁を必要とする書類が山積みされていたことである。時には、その処理に半日以上も費やさなければならなかった。そんなとき、吉藤は「支店長の仕事はハンコを押すことか？　なにもハンコを押すためだけに、俺は広島に来たわけじゃないぞ」と苛立ち、不満を募らせた。

このような状態を放置していたら、支店長として与えられたミッション「中国支店の再建」に集中することは叶わない。そこで吉藤は、原因を探るため中国支店の組織を見直すことにした。すると、支店のシステムそのものに起因していることが分かった。

中国支店は、支店長をトップに営業所長、営業所員という指揮命令系統の構造で運営されていた。情報は支店長（や支店本部スタッフ）から各営業所長、最後に営業所の社員へと流れる。そのような垂直型組織の支店にあって、情報の多寡や権限の強さは下へ行くほど小さくなる。一番下に位置するのは、ヒラの新人社員である。

営業所の社員は、営業所長の判断や許可を得て仕事を進めていく。与えられた仕事を終えれば、彼の営業所での仕事は完了する。それに対し、営業所長は個々の営業所員に情報を与え、行動を指示して営業所の業績向上に努める。営業の最前線で情報と権限を一手に握る営業所長は、それゆえ超人的な仕事量をこなすことを求められるのだ。

その営業所長の上に支店長がいるわけだから、各所長は支店長に必要な決裁をたえず求め続けることになる。当然、支店長の吉藤がハンコを押す書類は増えることはあっても、減ることはない。

このような状態を打開するには、ふたつの方法が考えられた。

ひとつは、支店長の権限を営業所長に大幅に委譲することである。そして営業所長の権限も、所員に大幅に委譲するのである。二つ目は、それまでの垂直型組織を改めることである。というのも、権限の委譲は、それにともない判断のための情報量を増やすことにつながるからである。つまり、ふたつのことを同時に行う必要があるのだ。

しかしそれらを実行することは、かなり難しい。

ふたつの改革を成功させるには、何よりも社員一人ひとりの理解と協力が欠かせない。改革の必要性が支店全体で共有されないまま、権限の委譲などが行われたら、指揮命令系統は乱れ、現場に混乱を招きかねないからだ。それゆえ、吉藤が改革を推し進めようとするなら、何よりもまず社員の意識改革から始める必要があった。

オフサイトミーティングで意識を変える

そこで吉藤英次は、しばらくの間、それまでと変わらぬ手順で支店長の仕事を続けることにした。その間は、吉藤の言葉を借りるなら、亀が必要な時だけ甲羅から首を出して周囲の様子を窺うように、彼も同じように支店内の様子を、社員の動きをじっと観察したのだった。

赴任してから二カ月近く経った五月二十二日、吉藤は中国支店の全社員を広島からクルマで一時間半ほどの距離にある宮浜温泉近くの国民宿舎に集め、一泊二日の合宿「第一回オフサイトミーティング」を開催した。ちなみに、オフサイトミーティングとは、日常の業務から完全に離れて、たとえばネクタイもしないなどラフな私服でリラックスした雰囲気の中で自由に討論する会議のことである。なお吉藤は、この日を境に半年ごとにオフサイトミーティングを開催している。

吉藤英次は、第一回のオフサイトミーティングで次のように訴えている。

「今期の売上目標をたとえ達成したとしても、中国支店の決算は赤字になります。今後は各人が、中国支店を黒字(経営)にするにはどうしたらいいか、考えて欲しい。そのためには、まずＰ／Ｌ(損益計算書)を勉強して欲しい」

引き続き、Ｐ／Ｌの概略の説明を始める。

Ｐ／Ｌを家計簿にたとえれば、一年間の家計の収支を表したものである。それには収入(売上高・収益)と支出(費用・損失)、残高(利益)が記載され、家計の状態(損益の状態)が分かるようになっている。たとえ収入(売上高)が増えても、支出(費用)がそれ以上に嵩めば、家計は苦しく(赤字)なる。つまり、収入が増えるだけでは、必ずしも暮らし(経営)は楽にならない。

吉藤はＰ／Ｌの説明のあと、社員をいくつかのグループに分けた。

そして「Ｐ／Ｌの説明を聞いてどう思ったか」や「ではこれからは、どうやっていけばいいのか」などのテーマをグループごとに与えて、それぞれ討議させたのだった。すると、逆に「自分は何をすればいいのか」、あるいは「営業所はどうあるべきか」といった具体的な検討課題が次々と生まれていったのだった。

その時の討議の様子を、中本隆則はこう述懐する。

「最初は、なんでＰ／Ｌを勉強しなければいけないんだ、という気持ちがありました。実際、Ｐ／Ｌを見ているのは、営業所や支店の経営を話し合う所長クラスの幹部でした。現場では、数字(売り上げ)を上げるのが一番の正義でしたから、ほとんどの社員はP／Lなんて見たことがありません。私自身も、頭の中は『売上第一主義』でしたから、経費がどうなっているかなんて考えもしませんでした。ですから、このくらいは使っても大丈夫だろうみたいな、本当にドンブリ勘定できました。でも吉藤さんのP／Lの説明を聞いて、初めて『なるほど、これは知らなければいけない』と思いました。みんなも、そう感じたと思います」

まもなく、営業所ごとに週一回のP／Lに関する勉強会が始まる。名付けて「P／L学園」。その他にも、社員間で自主的にP／Lの参考書などの輪読会を開くグループが次々と生まれていき、支店全体に学習熱は広がっていったのだった。

とはいうものの、その頃のサラリーマン社会では業務時間外の仕事や仕事上の付き合いを嫌がる社員が増え始めていたので、大切なプライベートの時間を削ってまでP／Lの勉強を進んでするものだろうか——という疑問が私にはあった。

そんな私の疑問に対し、MK(マーケティング)担当マネージャーの坂本光男は支店に広まる学習熱の別の一面を、苦笑まじりに指摘した。

「現場で何の役にも立たない知識は、(若手の)営業にしろスタッフにしろ、みんな勉強をしたがりません。でもP／Lのように、勉強しておけば、自分にプラスになるもの、自分の武器になると思ったものは、積極的に勉強する世代なんですよ。たとえば、うちの営業マンが(取引先の)店を訪ねたとき、店主から『最近、儲からんよね』などと話しかけられ、(店舗)経営の話に移って決算書を見せられたとしますね。その店主がうちの営業マンに意見を求めてきたら、彼は店主といままで以上にいろんな話ができるわけです。そうなれば、決算書が読めること、つまりP／Lが分かることは(自分の仕事に)役に立つな、となりますから」

他方、支店長の吉藤英次は、第一回のオフサイトミーティング以降、「これは」と目をつけた若手社員をしきりに誘うようになっていた。

「何もしないで社員を放っておくと、彼らからはありきたりの話しか出て来ません。うわべだけの話か。やはり、社員の本音が知りたいですよね。だから、どうしてもありきたりじゃない話が出てくる、仕事が終わった夜の面接が多くなるわけです。面接では、部下の隠れていた凄い一面が見えてきます。そこで僕は、自分がやりたいと思っていることを彼らに伝えたくなっていったんです。で、伝えたら、すごくいい反応があった。それが、最終的には以心伝心になっていくんです」

さらに、吉藤はこうもいう。

「最初に(中国支店の決算書を)見たとき、P／Lは赤字でした。『これは、えらいこっちゃ。なんとか黒字にしよう』という私の思いが、スタートになりました。赤字だったから、もしかしたら私自身の闘争心に火を付けたんじゃないかな。それで私は、その火種を、つまり黒字にしようという私の強い思いを、彼らにも植え付けていかなければと思ったわけです。支店の中で社員が十人も火種を持てば、彼らから周囲へどんどん広がっていきますから。そういうグループを、私が意識的に作り、動かしたという面はあります」

ちなみに、吉藤のブレーンとなる中本と坂本の二人は、早い段階で「夜の面接」に声を掛けられている。

このような吉藤の積極的な働きかけもあって、中国支店には徐々にではあるが、変化の兆しが生まれていた。各営業所では危機意識の高まった若手社員が独自に他の営業所との間で横の連絡を取り合い、支店改革の議論を活発化させていった。彼らは、吉藤が与えた火種をもとに、中国支店の再建に大きな夢を描き始めていた。

プロジェクト制

吉藤は、中国支店を次の段階へ進める。

一九九八年下期(十月〜翌九九年三月)から「プロジェクト制」をスタートさせたのだ。プロジェクト制とは、垂直型組織に組み込まれた従来の営業所を横断してつなぐために作られたバーチャルな組織のことである。この組織の立ちあげによって、吉藤は中国支店の水平型組織への編成を目指したのである。

中国支店では「広島1」と「広島2」、「福山」、「山口」、「松江」の五営業所の他にも、準営業所の位置付けで浜田と呉の二カ所に「グループ」と呼ぶ拠点を置いていた。これらは、従来の垂直型組織に組み込まれたものだ。

それに対し、各営業所からひとりずつ選ばれた所員を、①SUプロジェクト(売上高)と②COプロジェクト(コスト管理)、③CSプロジェクト(顧客満足度の管理)、④CDプロジェクト(債権管理)という営業所を横断する四つのグループを新たに作ったうえで、各グループに配置したのである。選ばれた所員は、それまで営業所で担当していた仕事も兼務した。

プロジェクトのメンバーになれば、営業所単位で考えるのではなく、つねに支店全体の利益を考慮することが求められた。たとえば、営業所の売上目標を達成したとしても、支店のそれが未達成ならば、従来のようには評価されないということである。

ここで、もう少し詳しくプロジェクトの仕組みを説明しよう。

CDプロジェクト(債権管理)では、売り上げに対するコスト(経費)をチェックする。しかもこのプロジェクトには、会議のその場で経費を決裁する権限が与えられていた。たとえば、ある営業所が販売目標達成のために販売促進費用を五十万円求めた場合、会議に出席したCDプロジェクトのメンバーが、要求した経費に見合うだけの売り上げや利益を達成できるか、その可能性を判断する。支店の業績に貢献すると判断されれば、その場で五十万円の経費は認められた。

本来なら支店長や営業所長など上司の決裁の承認が必要だが、プロジェクト制導入後はすべて事後承諾で済むように改められたのである。中国支店での権限委譲は、このような形で進められ、現場にまで下ろされたのだ。

じつは支店長の吉藤には、プロジェクト制導入に関して別の考えもあった。

「人を評価するさい、営業所でどれだけの役割を担っているのか、を考えました。営業は一面、いろいろ自由な活動もできますが、『それでいいんだ。これが営業マンの仕事だ』と割り切ってしまうと、それでお終いなんです。というのは、その人間はどこへ異動しても同じことをするからです。もちろん、それは仕事なんですよ。でも私は、SMOJがマーケティングの会社である以上は、何か新しいことを発想として持ちたいと思いました。彼らにも『お前ら、本当にそれでいいのか』と言いました。従来の営業という役割の他にも、もうひとつ何か仕事を持ってもらう、それに責任を彼らがちゃんと持てるようにしたいと思いました」

吉藤は、新しい営業マンを、誤解を恐れず言うなら「自分の頭で考える」営業マンを育てようとしていたのである。

プロジェクト制の導入が本格的に進められるにつれ、中国支店における権限委譲もまた加速した。それにともない、支店長の吉藤の机の上からは決裁を求める書類も、瞬く間に少なくなっていったのだった。

チャットを利用した「エコ会議」

中国支店の改革は、第二段階に進む。

一九九九年上期(四月~九月)には、支店の運営はプロジェクト制を中心とした組織的なものへと大きく舵を切る。そしてプロジェクト制に新しいカテゴリー(製品)が加わって、従来の四プロジェクトから五プロジェクトへと移行する。しかしそれは、吉藤ら幹部が指示したものではなく、現場の要請に基づいて自然発生的に生まれたものだった。

SUプロジェクト(売上高)は支店全体の売上高向上を目指すものだが、その売上高は支店と営業所に与えられる数値目標、さらに販路別(家電量販店と地域店)にも分かれていた。対象販路が家電量販店の場合、さらに各店舗ごとに売上目標の数値が与えられていた。

それらすべての数値目標の達成が、SUプロジェクトの仕事なのである。しかし実際に数値目標を詰める作業に入り、想定したよりも売り上げが伸びない場合、その理由を調べると製品の分析に辿り着く。たとえば、ある営業所ではテレビは売れているが、オーディオの売れ行きが悪いという状況が分かれば、オーディオの販売に格段の注力をはらうことになる。

売り上げを積み上げていくには、製品別の対応が欠かせない。そこで製品を、テレビ・プロジェクターやホームビデオ、オーディオといった具合に十一のカテゴリーに分けて、各営業所ではそれぞれに担当者を付けたのである。

このようにしてカテゴリー・プロジェクトは生まれたのであるが、同時に思わぬ副産物をもたらした。それは、中国支店の全社員が必ずどれかのプロジェクトに関わるようになったことである。吉藤の「従来の営業という役割の他にも、もうひとつ何か仕事を持ってもらう」という目的が実現したのだった。これによって、中国支店ではプロジェクトを通じて全社員が一体感を持つようになった。

しかし同時に、新たな課題も生まれた。

全社員がプロジェクトに関わるようになると、広島と山口、島根の三県にわたる広いエリアに営業所を持つ中国支店では、各プロジェクトごとにメンバー全員が揃って打ち合わせをしたり、日常の連絡をスムーズに行うことが難しくなったのだ。そこで誰からともなく提案されたのが、パソコンのチャット（会話）機能を利用することだった。チャットを使えば、オンライン上のパソコンを通じて会話をするようにメッセージのやり取りができる。

ＳＭＯＪでは当時、すでにネットワーク時代に対応すべく新しい営業スタイルを模索する中で、社員一人ひとりにＶＡＩＯパソコンを一台ずつ与えていた。中国支店ではイントラネットの整備が整っていたので、それを利用すれば、チャットを会議等に使うことは可能であった。

チャットの利用はすぐに採用されたが、その効果はてきめんだった。

最大のメリットは、メンバーが一堂に会する必要がなくなったことである。次に、遅刻などで途中から参加したり所用で途中退席することがあっても、打ち合わせや会議等の内容はパソコンに記録されているため後で確認できるから、何の支障も生じないことである。三番目は、パソコンに記録した内容を後からプリントアウトすれば、議事録をとる必要がないことである。とりわけ、最後のプリントアウトした議事録は、多忙な営業マンに好評であった。

中国支店では、チャットを使った打ち合わせ等を「エコ会議」と名付け、オフサイトミーティングやプロジェクト会議など実際に顔を合わせるものを「リアル会議」と呼んでいた。MK担当マネージャーの坂本光男によれば、バーチャルとリアルの両方を活用することで、社員間のコミュニケーションは円滑に進むようになった、という。

残された課題

とはいえ、全てが順風満帆というわけではない。

改革の第二段階まで進んだ中国支店だったが、一九九九年度の下期の業績は良くなかった。改革とともに数字もよくなっているとは、まだ言えなかった。また、支店や営業所における人間関係にもギクシャクした面も出始めていた。

たとえば、プロジェクト会議での様子を見てみよう。

会議では、先輩も後輩もなく上司と部下の関係も意識することなく、誰もが自由に発言することが認められていた。そして会議では、P／Lを学んだ社員の舌鋒は以前よりもはるかに鋭くなった。問題点の指摘はより具体的になり、曖昧な回答は許されなかった。

それまでの中国支店では、どれほど多くの経費を使っても売り上げが大きければ、それで社員は評価されてきた。もちろん、多くの営業マンは内心、漠然とではあるが、「あんなに経費を使っていたら、利益は出ていないのでは」といった疑問を抱いてきていたことも事実である。相手が先輩社員であれば、口を噤むしかなく不満だけが貯まっていった。

ところが、P／Lを学んだことで、それまで抱いていた疑問が確信に変わり、先輩社員であっても批判に晒されることになった。会議では、売り上げに相応しい利益が上げられていないことが分かると、「支店に貢献していない」と指摘され、評価されることはなかった。

仕事上の口喧嘩は、営業の現場では日常茶飯事でしこりが残ることも少ないが、相手が十歳以上も年下の後輩となれば、つい「生意気なことを言うな」と言いたくもなるし、威圧して抑えつけたくもなる。そこから両者の関係がこじれると、仕事に支障が出るためそのままにしてはおけない。理屈と違って感情からくる人間関係のもつれは長引くことが多いからだ。

その頃には、中国支店長の吉藤英次も事態の深刻さを考え、早めに手を打っていた。ブレーン役を担っていた中本隆則と坂本光男の二人を支店の本部スタッフに起用し、プロジェクトの人間関係をサポートさせたのである。中本はカテゴリーを、坂本が他の四つのプロジェクトを担当した。二人は協力しながら、プロジェクトで生じる人間関係のもつれを調整していったのだった。

他方、営業所長の仕事も、すっかり様変わりする。

実務的な仕事は、プロジェクトのリーダーたちを中心としプロジェクト単位で進められたので、従来のようなトップダウンでの判断を求められたり、あるいは営業所の売上高などの数字を詰めるといった作業はなくなったのである。営業所長に求められるのは、本来の意味での部下（の動向）の把握やプロジェクトが必要とする情報の収拾であった。要するに、人間と情報の管理が営業所長のメインの仕事になったのだ。

営業所長の新しい日々は、まず営業所から外へ出て、たえず現場を回っては営業マン一人ひとりが置かれている状況を正確に把握し、そのうえで収拾した情報の中から彼らに必要なものを与えて最大限の能力を発揮できるようにサポートすることであった。また、営業所長には、プロジェクト会議では、推移を見ては適切なアドバイスを送ったり、時には行き過ぎた批判に対しては責められている相手に「助け船」を出すなどしてサポートすることも求められた。そうすることで、社員間に不必要な軋轢が生じないようにすることも重要な仕事であった。

ＳＭＯＪという新しい会社のもと、中国支店は水平型の組織に変わり、仕事もプロジェクト単位で進められることになった。それにともない、営業所長に求められる仕事のスタイルも変わった。残された課題は、中国支店をプロフィットセンターに生まれ変わらせることである。つまり、改革の成果を「数字」で表すことだ。

全支店中で経営評価第一位を獲得

二〇〇〇年上期（四月〜九月）、中国支店の改革は第三段階へと進む。

第三段階は改革の「結果」を出すことだが、中国支店の目標は上期の経営評価でＳＭＯＪの全国三十四支店中、ナンバーワンの評価を得ることだった。

しかし支店の経営評価は、従来のような売上高だけでは判断しなくなっていた。評価項目は多岐にわたり、支店全体の売上高以外にも利益やカテゴリー（製品）別の数値目標などで十三項目にも及んだ。とくにカテゴリーは、テレビやビデオといった製品別に十三品目にも分けられ、それぞれに数値目標が設定されていた。

たとえば、経営のバランス重視へ評価基準が変わっていたため、たとえテレビで売上目標の二倍販売したとしても、ＭＤウォークマンが目標数値の二分の一しか売れなければ、トータルで支店の売上目標を達成していたとしてもカテゴリー分野は未達のため失敗とみなされたし逆に減点の対象となった。

このような厳しい評価基準を踏まえたうえで、中国支店では支店長の吉藤を先頭に「全国一」という高い目標を掲げ、その実現のため一丸となって取り組む。もちろん、かつてのような漠然とした「このくらいなら」といった曖昧さは否定され、Ｐ／Ｌで学んだ合理的な考えに基づき、全国一になるために必要な数値目標を自ら設定したうえでの挑戦であった。そのさい、中心はＳＵとカテゴリーのプロジェクトだった。

しかし九月に入り最後の最後になって、目標達成の数値に狂いが生じ始める。

最後まで手こずったのは、十三種類にも及ぶカテゴリーでの数値目標の達成であった。現実問題として、十三種類すべてで数値目標を達成することは不可能に近かった。ただし、十三種類のうち何種類で数値目標を達成するかで、中国支店が得られる得点に大きな違いがあった。

そこで支店長の吉藤を始め幹部が集まって十三種類のカテゴリーで詰めた、詳細な数字の検討を行った。その結果、カラーテレビで得点を得られれば、中国支店は間違いなく全国一になれるという結論が導き出され、中国支店ではカラーテレビの販売に全力を注いだのだった。しかし思ったようには、カラーテレビの販売台数の数字は伸びなかった。

テレビの数値目標達成が次第に怪しくなっていくにつれ、社員の焦燥感も増していき、期限まで残すところあとわずかになったとき、中国支店全体が何か異様な雰囲気に包まれていったのだった。

その異様さに気づいた支店長の吉藤は、ただちに取り組みを中止させた。支店本部スタッフの中本と坂本の二人も、吉藤の判断を強く支持した。

その理由を、中本はこう説明する。

「カラーテレビをこれ以上売るのは、もう無理だと思ったんです。それを見逃せば、P／Lを無視した売り方になる可能性がありました。それでは、元の木阿弥になってしまいます。とにかく売りさえすればいいんだという考えに支店全体がなれば、せっかくいままでやってきたことが無駄になってしまいます。だから、私も止めましょうと(吉藤に)言ったのです」

中本が指摘する「P／Lを無視した売り方」とは、二つのケースが考えられる。

ひとつは、とにかく売り上げを伸ばすために原価を無視した「押し売り」をすることである。すぐにP／Lに悪影響を及ぼすものの、売り上げを伸ばすうえでは即効力があった。つまり、安易な売り上げの伸ばし方であり、誰もが陥りやすい過ちである。

二つ目は、その地区で実際に売れる以上の製品を家電量販店や地域店に押しつけるため、取引先に過剰在庫を抱えさせることになることだ。SMOJからみれば、取引先への「押し込み販売」である。「押し込み販売」の最大の問題は、商品としての寿命が終わってからも製品が市場に在庫として滞留することになり、新製品の導入時期に支障をきたしたり、あるいは旧型の処分を急いで余分な費用の支出を強いられることである。

いずれにせよ、こうした目先の数字を優先させるやり方を許していたら、これまで進めてきた中国支店の改革は徒労に終わるしかない。まさに「絵に描いた餅」である。

ところが、肝心の現場の社員たちは、吉藤の決定に同意しなかった。いや反旗を翻したのである。

現場の社員の「思い」を、中本はこう代弁する。

「彼らにすれば、闇雲に走ってきたわけじゃないという思いがあります。数字を、それこそ積み重ねて積み重ねて来ているわけです。だから、やれるという自信があったのだと思います、ひとりが動けば、次は誰が動く――という共通認識は、現場の全員が持っていたと思います。そこに、数値目標の達成が一番難しかったカラーテレビの連中が走り出したわけです。すると、現場のみんなも走り出します。現場が走り出せば、いくら吉藤さんでも止められなかったと思います」

さらに、こうも言う。

「彼らから『決して、全体のＰ／Ｌを崩すことはしません。私たちを信じてください。もう黙って、見ていて下さいませんか』と言われたんです。そこまで(現場から)言われたら、私たちスタッフとしては、もう何も言いようがありません。なんといっても現場の人間が自分たちの置かれている状況を一番よく分かっているわけですからね。それで吉藤さんと話し合い、彼らの判断を『正』とすることになりました。こんなことは、中国支店では初めてのケースでした。もちろん、私も初めての経験でした」

最終的に、吉藤たちが危惧したような事態にはならなかった。

二〇〇〇年十月、中国支店が二〇〇〇年上期の経営評価で全国三十四支店中トップになったことが発表された。現場の奮闘によって、中国支店は当初目指した目標――全支店中で経営評価第一位を獲得したのだ。それは同時に、吉藤の目指した「考える営業マン」が実現した瞬間でもあったろう。おそらく彼にとって、二十一世紀のＳＭＯＪが求める理想の営業マンの姿だったに違いない。

そうした改革の経緯を知って初めて、私は中国支店の営業会議で抱いた当初の違和感の正体を理解した。それは、「考える営業マン」が萌芽した姿だったのである。

営業会議を見学する

初めて中国支店を訪ねた二〇〇一年二月上旬、私は営業会議を見学した。会議室では、大型スクリーンを囲むようにして「コ」の字に長机が並べられ、すでに出席者が着席していた。責任者らしき男性社員がスクリーンに映し出された数字を、ひとつずつ細い棒で指し示しながら点検していた。

そのうち、目標を達成していない数値を見つけるたびに、彼はきつい口調でその理由を問い質していった。とくに私の印象に残ったのは、次のやり取りである。

責任者「前回の会議では、大丈夫という話だったんじゃないですか」

担当者「ええ。頑張ってみたのですが、無理でした。MD(ミニディスク)ウォークマンは、これ以上はどうしても売れません」

責任者「うーん。どうしても無理？　これだと支店全体の数字(売り上げ目標)に足らないんだよ。何とかならない」

担当者「もう少しは(数字を)積み上げられるかも知れませんが、いまの状況では目標の数字までは、とうてい……」

責任者「無理か……」

しばらく沈黙が続いたあと、別の男性社員が発言した。

「じゃあ、私のところが引き受けます。私の地区は大学を抱えていますので、若い人が多いし、MDは若い人に人気がありますから、頑張れば何とかいけると思います」

「じゃあ、お願いします。みなさん、それでよろしいですね。では、次の項目に移ります……」

私には、とても信じられない光景だった。

数字がすべてと言われる営業で、他人の予算(売上目標)のカバーを言い出す人間がいるとは。それでなくても、営業マンは一匹狼タイプが多く、彼らにとって他社よりも社内競争をまず勝ち抜くこと、それがもっとも重要なはず――私が抱いていた「営業」と「営業マン」のイメージは、中国支店で見かけることはなかった。

後日、支店長の吉藤英次に私の素朴な疑問をぶつけると、彼は「評価の判断基準が変わったのです」と即答したあと、ひとつのたとえ話をしてくれた。

「所員は営業所に貢献する活動を、さらに営業所は支店に、支店は支社に、支社はSMOJに、と展開しないものは評価されない、ということです。たとえば、ある営業所にテレビ百台とVAIOパソコン百台が売上目標として掲げられたとします。しかしその営業所はテレビは三百台売り上げて目標をらくらく達成したものの、パソコンは五十台しか売れなかった。かりに売上高としては目標数値をクリアしたとしても、与えられた製品別の売上台数目標は達成していません」

そして吉藤は、語気を強めてこう言い放った。

「いいですか。SMOJは、ソニー製品をまんべんなく販売する会社です。売上高で数値目標を達成したとしても、その営業所は販売台数ではSMOJに貢献しなかったことになります。営業は数字(売上高)がすべてだとよく言われていますが、少なくとも私のいる中国支店では、それは認められません」

吉藤の理路整然とした説明は「理屈」としては理解できても、それまで私が抱いてきた営業や営業マンのイメージが強すぎたためか、どうしても私は得心することができなかった。私は、思い込みという感情に負けていたのである。

しかし中国支店の取材をひととおり終えたとき、吉藤の説明が私の心にスーッと入り込み、感情としても受け入れることができるようになっていた。私もまた、現場という現実に認識を改められたのである。

それからまもなくして、吉藤英次に人事異動の内示があった。ディスプレイ(テレビ)部門の統括部長として本社に戻れ、というのである。

二〇〇一年三月末、吉藤の送別会が広島の小料理屋で開かれた。

支店長の吉藤を支えた支店本部スタッフの中本隆則も同時期に広島を離れて、島根県の松江ブランチ(旧営業所)の所長として赴任することが決まっており、中本も送別会の主賓として出席していた。

吉藤は、その席でも「(中国支店改革の)『火種』を受け継いでくれ。(自分が)何をしなければいけないのか、分かっているだろう」と熱い思いを中国支店の社員に説き続けたのだった。おそらく彼の唯一の願いは、その「火種」が中国支店から全国の各支店へ、そしてやがてはＳＭＯＪ全体に波及していくことだったろう。

「考える営業マン」を育てるという吉藤の思いは、どのようにして引き継がれていくのであろうか。それは、中国支店の改革とともに今後も継続すべきミッションと言えるかもしれない。

「一兆円クラブ入り」から「第二創業」へ

ＳＭＯＪは、二〇〇一年三月期の決算で、売上高一兆円を達成した。

ソニーでは、売上高一兆円のカンパニー(ないし事業部)などに対し、内々に「一兆円クラブ」と呼んでいる。コア事業として社内で認められているという意味もあるし、それゆえ「一兆円クラブ」に入ることがひとつの目標にもなっているということだろう。

そう考えると、SMOJはソニー本社と対等、同格の立場を目指して社外に設立されているが、「二兆円クラブ」に入ったことでカンパニーとは「対等」な立場に近づくところまで来たと言えるのではないか。

だからなのか、その年の四月一日付けでSMOJが「第二創業」と名付けた大規模な組織改革を断行したことにも得心がいく。

第二創業を目指す組織改革の狙いとして、SMOJは四つのポイントを挙げているが、私個人がとくに注目したのは次の二点である。

一、プロダクトマーケティングの強化――カンパニーと一体となっての商品開発やプロモーション機能の拡充などプロダクトマーケティングの機能強化。

一、コンスーマービジネスセンターへの営業本部・ブランチ制の導入――従来の「支社―支店―営業所体制」から「営業本部―ブランチ体制」への変更。二階層への変更によって、営業現場での迅速な意思決定と実行、シンプルな体制を目指すもの。

第二創業を迎えたSMOJの新社長に就任した小寺圭は、将来像をこう描く。

「いままでのSMOJは、販売会社です。それは何かと言えば、右のものを左に動かすだけで差益をとる仕事だった。それは、付加価値の高い仕事ではありません。SMOJがクリエイティブな仕事をするためには、何をすべきかといえば、ある種のプラットフォーム的な会社にならなければいけないのだと思います。

だから、カンパニーに対して『こんなハード(製品)を作ってくれ』じゃなくて、『こんなサービスをSMOJが始めます。それに合わせたハードを作りませんか？』と言える会社ですね。私はいま、そう言って(社内外を)回っているんです」

小寺新体制のもと、SMOJが「第二創業」に向けて走りだしたことは分かった。しかしSMOJの販売・マーケティングが「付加価値の高い仕事ではない」と言い切ることに抵抗感を少なからず感じた。「売る」という仕事は、付加価値を高くも低くもできるものだ。SMOJの販売の仕事が「低い」と感じるなら、高くするにはどうすべきかを考えるべきではないか。

いずれにせよ、小寺体制の「第二創業」下で、吉藤が中国支店の部下たちに託した「考える営業マン」の育成は、「火種」の伝搬は、進むのだろうか。いや、そうした活動が認められるのだろうかと不安になった。そこで私は、吉藤と同時期に広島を去って松江ブランチの責任者に就任した中本隆則に私の危惧を問うことにした。

営業所(ブランチ)単位への発展

そのころ、中本は松江ブランチの責任者として一年半以上を過ごしていた。その一年半を振り返ってもらったのである。

「SMOJ自体の大きな体制の変化(第二創業)によって、ブランチ(旧営業所)に以前よりもフォーカスがあてられるようになりました。P／Lも今では、全国的にブランチ単位で明示されるようになりましたし、組織的にもブランチ内に量販店を専門的に担当するグループ(法人担当)と地域店を専門に担当するグループ（主にソニーショップ）の二つに分かれて対応するようになりました。そしてブランチ長の役割は、そのふたつのグループをブランチという単位で束ねることです」

さらに、言葉を継ぐ。

「そういう意味では、経営単位が従来の支店単位から営業所（ブランチ）単位へと移りましたし、またプロジェクトの中には、営業所を横断してもあまり意味をなさないものが出てきたことも事実です。現場では当初、営業所単位でのプロジェクト制の廃止を惜しむ声もありましたが、いったん消滅しております。ただ今でも、ブランチ間を横断する問題はブランチ全体で知恵を出し合い解決するために『緊急プロジェクト』がその都度、組まれています。

また、いまではＳＭＯＪの方針として三カ月単位でひとつのテーマをブランチ内で取り上げ、それを解決していくプロジェクトが立ちあげられるようになっています。現在も全国のブランチでは、いろんなテーマのもと、いっせいにプロジェクトが進行中です。ですから、当時の（中国支店の）プロジェクトについて言えば、時代や体制の変化にともなう発展的解消だったと受け止めています。私たちが中国支店でやってきたことは、むしろ先駆的なもので、その役割は十分に果たしたと自負しています」

そして中本は、こう結論づけたのだ。

「Ｐ／Ｌが完全にブランチ単位で出てくるようになりましたから、ＳＭＯＪの経営評価（その後は事業評価と名称変更）も支店単位から営業所（ブランチ）単位と変わり、全国のブランチの順位が明確に出されるようになりました。しかも変化の早い現在に合わせて、三カ月ごとに業績評価の締め（切り）が設けられるようになりましたので、営業マン全員がＰ／Ｌを理解していないと、とてもついていけません。私のいる松江ブランチでも、毎月の営業会議でブランチのＰ／Ｌ状況を全員で分析しています。ですから、当時の中国支店時代とは違って、『Ｐ／Ｌが読める営業マン』の育成はとくに意識することなく自然なことになってきています」

ソニーの販売組織の改革は、ＳＭＯＪの設立を経て着実に進んでいるように見える。とはいえ、設立の目的のひとつでもあるソニー本社と「対等」の関係になるまでには、まだまだ険しい道を通らなければならない。

第5章

ソニーショックと冬の時代

「リ・ジェネレーション」と「デジタル・ドリーム・キッズ」

平面ブラウン管テレビ「WEGA(ベガ)」シリーズを始めとする「五十周年記念モデル」や再参入したパソコン市場での「VAIO(バイオ)」シリーズの大ヒット、そして任天堂の牙城だったゲーム市場での卓上型ゲーム機「プレイステーション(プレステ)」の大躍進などによって、ソニーは長引く平成不況下で経営悪化に苦しむ同業他社を尻目に業績を急速に回復させ、そしてさらなる好調を維持してきた。

そのような状況を指して、家電業界は「ソニーのひとり勝ち」と呼ばれたものだった。

前述したように、ソニーは一九九七年三月期および九八年三月期の連結決算において二期連続で過去最高の業績を残した。それ以降も、ソニーの好業績は途絶えることはなかった。たとえば、二〇〇一年三月期の連結決算でも売上高七兆三千億円、営業利益は二千三百億円と好調だった。しかもエレクトロニクス事業だけでも、売上高は五兆五千億円(対前年同期比一七パーセント増)で、営業利益が二千五百億円(同、一四五パーセント増)という高い数字を残している。数字だけを見るなら、「ソニー神話」は復活したといえるだろう。

しかし問題は、五十周年記念モデルを始め多大な利益をソニーにもたらした製品は、その多くが従来通りのアナログ製品だったことである。

出井伸之は社長就任以来、「リ・ジェネレーション」(変化の必要性)と「デジタル・ドリーム・キッズ」(変化の方向性)という二つのキーワードを掲げて、ソニーを世界有数のAV(音響・映像機器)メーカーからデジタルネットワークに対応できる企業に変えるべく尽力してきた。つまり、出井にとっては二十一世紀に向けて「アナログからデジタルへ」大きく方向転換した社長在任五年間であった。しかし現実には、ソニーのデジタル化は遅々として進んでいなかった。

その危機感を、出井があらわにしたことがあった。

社長在任五年目も半ばが過ぎた一九九九年十一月、出井伸之は米国・ラスベガスで開催された世界最大のIT（情報通信技術）関連機器見本市「COMDEX（コムデックス）」で基調講演に臨んでいた。

そして出井は、壇上からこう呼びかけた。

「本日、ここでのソニーの目的はPC（パソコン）とAV、通信の各産業の境界がいかになくなりつつあるかを明らかにすることです。このような事態は、五年前から十年前には考えられませんでした。この急激な変化を目の当たりにして、私は恐竜絶滅の学説を思い出します。

六千五百万年前、巨大な隕石が地球を直撃しました。これによって、地球は壊滅的な被害を被りました。ビジネスと技術の世界にも、隕石群が降り注いでいます。八〇年代のパソコンは、メインフレーム（大型汎用コンピュータ）にとっての隕石でした。今日、私たちはインターネットと呼ばれる隕石に直面しています。これは、多くの新しいビジネスを創り出すと同時に多くの巨大企業にとっては恐怖にもなっています。さらに、ブロードバンドネットワークと呼ばれる別の巨大な隕石が私たちの頭に落下しつつあります」

そしてソニーの進むべき道を示した。

「インターネットとブロードバンドネットワークの二つの巨大な隕石は、私たちにとって脅威であると同時に好機でもあります。そしてソニーにとっては、大いなる好機になると私たちソニーは信じています。というのも、ソニーはネットワーク世界への三つのゲートウェイ（入り口）ないしドア（扉）を持っているからです。ひとつはＶＡＩＯパソコン、次がデジタルテレビ／セットトップボックス、三つ目がプレイステーション２です。

そうしたネットワーク関連のエレクトロニクス製品に加えて、ソニーは映画やテレビ番組、音楽（楽曲）、ゲームソフトといったコンテンツを持っています。これらコンテンツは、ブロードバンドネットワークの世界ではその価値をさらに増大させます。ソニーは、来たるネットワーク社会のビジネスモデルを再び創り出しています」

新しいデジタル携帯音楽プレーヤー

出井の発言を受けて壇上では、ネットワーク社会のビジネスモデルを実現する新しい三つの製品、デジタル携帯音楽プレーヤーが紹介された。

ひとつはメモリーカードが着脱可能な「メモリースティック・ウォークマン」である。メモリースティックとは、ソニーがオリンパスなど五社と協同開発したコンパクトサイズのＩＣ記憶媒体の名称で、要するにチューインガムのような細長い形状をした半導体メモリーのことだ。

パソコンに接続すれば、メモリースティックに八十分間、楽曲をダウンロードできる上に世界で最初の著作権保護（技術）が施された製品でもあった。同時にパソコンとウォークマンを「繋ぐ」ブリッジメディアと考えれば、パソコンに録音されている楽曲をそのままメモリースティックにコピーして音楽を楽しむこともできた。

二番目に出井は、六四メガのメモリーを内蔵した「ミュージッククリップ」と名付けた製品を紹介した。これは、当時一般的には「ネット対応型携帯音楽プレーヤー」と呼ばれていた製品である。パソコンに接続して楽曲をダウンロードする点はメモリースティック・ウォークマンと同じである。違いは、メモリーが着脱できない内蔵型であることだ。

最後に紹介したのは、「シリコンオーディオ」と呼ばれていた製品である。これは、ミュージッククリップが持つすべての機能を一枚の小さなシリコンに内蔵させた携帯音楽プレーヤーである。

出井が紹介した三つの製品が意味することは、二つである。

ひとつは、従来のウォークマンがアナログ製品であるのに対し、デジタル製品であることだ。アナログ製品とデジタルのそれとの違いには「情報の共有」の有無がある。たとえば、従来のウォークマンは記憶媒体がカセットからCD、MDに替わり、録音もデジタル化されたが、他のデジタル製品(たとえば、パソコン)と音楽情報(楽曲)を共有することはできない。

それに対し、出井の「三つの製品」は、パソコンを始め他のデジタル製品と音楽情報を「共有する」ことができる。具体的にいえば、パソコン等のデジタル機器と「繋がる」ことができるのだ。

また、CDウォークマンにしろMDウォークマンにしろ、楽曲をデジタル録音しているものの、音楽を聴くためにはレコード同様、円盤(ディスク)をモーターを使って機械的に回す必要があった。その意味では、カセット式ウォークマン同様にアナログ製品である。それゆえ、操作性もアナログ機器と何ら変わらない。

他方、「三つの製品」で音楽を楽しむには、楽曲が収められた記憶媒体(半導体メモリー)に「接する」だけで作動する。そして操作には、機械的なものはなく音楽管理ソフトが使われている。同じ携帯音楽プレーヤーであっても、アナログとデジタルでは機能も操作性もまったく違うのだ。

ソニーは、ウォークマンの発売以来、世界の携帯音楽プレーヤー市場を席巻してきた。同じ携帯音楽プレーヤーであっても、他社製品が「ヘッドフォン式ステレオプレーヤー」などと一括りされて家電量販店の売り場に展示されたのに対し、ウォークマンだけは専用のコーナーが設けられていた。つまり、ウォークマンはウォークマンであって、それ以外の何物でもないというわけである。

そして出井は、こう付け加えたのだった。

「しかし電子配信は、まだ始まったばかりです。毎日、広帯域化(ブロードバンド化)は進んでおり、ソニーにとって大きな好機になっています。ソニーは、来たるブロードバンド社会では、(世界の)トップ企業五社の一社になることを目指します」

「変化」に対する危機感の希薄さ

アナログからデジタルへと大きく舵を切り、来たるネットワーク社会ではソニーをその先頭に位置する企業にするという出井の意気込みを感じさせるスピーチであった。が、同時に気になることもいくつかあった。

ひとつは、出井が自慢する「三つの製品」がすべてＶＡＩＯブランドだったことである。その理由を、のちに出井に訊ねたことがある。

出井は、なかなか「変わる」ことができないソニーの事業部に対する不満から出た強硬手段だったことを隠そうともしなかった。

「(ソニーで)パーソナルオーディオをやっている人たちは、最後に(アップルの)ｉＰｏｄ(アイポッド)に抜かれるまでシリコンオーディオという新しい商品を認めようとしませんでした。ＣＤでの成功、

ＭＤでの成功、それにウォークマンという絶対的なブランドがありましたし、利益率も二ケタの上を行くほど儲けていましたから、私が『本当に(社会が)変わってきている、変わるから、シリコンオーディオをやりなさい』と言っても、理解できないわけです。また、成功体験が大きすぎるから、『やりなさい』と言われても自分を否定するものは、なかなかやれないものです。それでもシリコンオーディオをやろうとすれば、他へ持っていくしかない。そこで、ＶＡＩＯブランドで出すことになったわけです」

さらに出井は、九九年のコムデックスの基調講演の狙いをこうも言った。

「ですから、九九年のスピーチは、外部よりも本当は(ソニーグループ)内部に向けたものでした。私にすれば、社内的な意味合いが非常に強いものでした。でも私のスピーチに対する反響でいえば、外部の人に与えた影響のほうが大きかったみたいです。ソニーの人間は、一番ショックを受けていなかったように思います(笑)」

いくらトップが「変化」の必要性を訴え、舵を大きく切ったところで、ソニーのような大企業になれば、現場が理解し組織の末端まで届くには時間がかかるものだ。しかしそれ以上に問題なのは、成功体験に酔うことから生じる「変化」に対する危機感の希薄さであろう。その希薄さが出井を苛立たせていたのだ。

出井の言葉通り、ソニーはＶＡＩＯブランドでメモリースティック・ウォークマンを一九九九年十二月に、ミュージッククリップを翌二〇〇〇年一月に相次いで発売した。ただし、あくまでもＶＡＩＯパソコンの周辺機器のひとつという位置づけだったため、ＡＶビジネスの市場、つまりオーディオ市場に正面から売り込んだわけではなかった。なにしろその市場には本家・ウォークマンが大きな利益をソニーにもたらしており、販売にも大きな力が注がれていた。

そのため、発売されたとはいえ、バイオミュージッククリップなどはオーディオ市場でなんら存在感を示すこともなく、ただただ時間だけが過ぎていったのだった。

他方、出井のコムデックスでのスピーチから二年後の二〇〇一年十一月、アップルはデジタル携帯音楽プレーヤー「iPod」を発売し、世界市場で大ヒットさせる。いわゆるシリコンオーディオをソニーに先駆けて全世界に向けて本格的に発売することで、デジタル時代の携帯音楽プレーヤーの雄となり、世界市場を席巻していったのだった。

「薄型テレビ」に乗り遅れる

しかしウォークマン以上に深刻だったのは、平面ブラウン管テレビ「WEGA」の凋落である。ここでも、テレビ事業の好調さに胡座をかいて、時代の変化を認めようとしない幹部たちの頑なな姿勢があった。

たしかに「WEGA」は、平面テレビという新しい市場を創り出し、その先駆者としての躍進によって巨額な利益をソニーにもたらした。テレビ事業は、それまでの赤字部門から一転、エレクトロニクス事業の稼ぎ頭にまでなっていた。

他方、同業他社も平面テレビ市場の活況を見て、自社製品の開発に乗り出していた。とくにライバル・メーカーと自他共に認める松下電器産業(現、パナソニック)では、新しく「T(タウ)」というブランドを立ちあげ、ソニーのベガに挑んでいる。しかし独自のデジタル高画質技術・DRCを搭載したベガに対抗できるほど、タウのテレビ画面は高画質を実現できなかった。そのため、どうしても市場でのベガの優位を崩すことはできなかった。

そこで、ライバル・メーカーは、技術開発の矛先を変える。テレビの歴史は、高画質と大画面を追い求める歩みである。つまり、高精細で綺麗な映像を大画面で楽しみたいというユーザーの希望を実現することである。

高画質化はハイビジョン放送の開始で達成されていくが、大画面化は大きな「技術の壁」にはばまれていた。というのも、トリニトロンにしろシャドーマスクにしろブラウン管である限り、テレビ画面を大型化するには筐体も巨大化せざるを得なかったからだ。ブラウン管テレビでは、大画面化にはもともと限界があったのである。それに大画面を実現しても、重くて大きなテレビを置けるほど広い居間や部屋を持つ一般家庭はきわめて限られており、広く普及することは考えられなかった。

そもそもテレビ開発に携わった技術者の「夢」は、いつかは「壁掛けテレビ」を実現したいというものだった、という。そのためには、ディスプレイ・デバイス(表示装置)の薄型化は不可欠かつ急務であった。

テレビ画面の薄型化を最初に実現したのは、一九九七年十一月に富士通ゼネラルが発売した四二インチの世界初の「プラズマテレビ」である。プラズマは放電による発光を利用した表示素子の一種で、ブラウン管同様、自発光である。翌十二月には、パイオニアが五〇インチのプラズマテレビを発売している。

他方、もうひとつの薄型テレビは、一九九九年三月にシャープが世界で初めて発売した二〇インチの「液晶テレビ」である。シャープは、電卓の表示デバイスだった「液晶」をテレビ用に大型化することに成功し、二年後には新たに「ＡＱＵＯＳ(アクオス)」ブランドを立ちあげている。以後、シャープは液晶テレビの開発に力を注ぎ、「液晶のシャープ」は自他共に認めるところとなる。

そして薄型テレビの普及のため、テレビメーカー各社は「一インチ一万円」を目指してコストダウンにしのぎを削るのである。こうして、ソニーが切り開いた「平面テレビ」市場は、急速に「薄型テレビ」市場へと移行していったのだった。

そのような「変化」に対し、ソニーのテレビ部門の反応は冷ややかなものであった。というのも、プラズマテレビも液晶テレビも、その頃の画質はまだブラウン管に遠く及ばないものだったからだ。しかし技術の日進月歩には著しいものがあり、いずれブラウン管に負けない画質にまで向上するのは時間の問題であった。

しかしソニーのテレビ部門の幹部は、そう考えなかったようだ。薄型テレビへの移行を促す社内の声に対し、企画部門長は「ベガは売れているからいいんだ」と言って、意に介さなかったという。儲かっているうちに次の技術への投資を考えるのではなく、もっと利益を出して業績を挙げ、それを出世への手がかりにしたいと思うのは人の常である。

ソニーでいち早く対応したのは、パソコン部門だった。というのも、デスクトップ型パソコンのモニターにブラウン管を使用すると設置した机の上が狭くなり、仕事に差し支えていたからである。VAIOは、液晶モニターを採用したが、ブラウン管と比べて画質は良くなかった。ただ、映画など動画を視聴するわけではなく文字や図表など仕事で利用する分には何の問題もなかった。

ソニーショック

こうして、ソニーは市場の変化から置き去りにされていくのである。そしてその最初の兆候は、二

○○二年三月期の連結決算に表出する。

売上高七兆五千七百八十三億円(対前年同期比三パーセント増)、営業利益一千三百四十六億円(同、四○・三パーセント減)、当期純利益(最終利益)百五十三億円(同、八・六パーセント減)である。減益とはいえ、家電不況と世界的なＩＴ不況が重なった中で、増収および営業利益と当期純利益の黒字を実現したことは、十分に評価されてもいい。

その他の電機メーカー大手七社の連結決算内容は、軒並み厳しいものであった。たとえば、増収を達成したのはソニー以外には一社もなかったし、営業利益と当期純利益が黒字だったのは二社に過ぎなかった。そのような業界全体を考慮するなら、世界的な不況の中でも「ソニーのひとり勝ち」は依然、健在のように見えても当然である。

だが、ひとたびエレクトロニクス部門の業績に目を向けると、事情は変わってくる。

売上高五兆三千四億円(対前年同期比、三パーセント減)、営業利益は八十二億円の赤字である。つまり、減収で赤字という散々な結果なのである。世界的なＩＴ不況というマイナス要因があったとはいえ、ソニーが来たる「デジタル家電市場」に十分に対応できていないという兆候でもあった。とくに「デジタル家電の三種の神器」と呼ばれ、市場の人気も高かった薄型テレビとＤＶＤレコーダー、デジタルカメラの商品開発の取り組みは、他社と比べてはるかに出遅れていた。つまり、次の売れ筋商品においてソニーは不利な立場に立たされていたのである。

そして「不利な立場」は、投資家たちに大きな不安を抱かせた。

翌二○○三年四月二十四日、ソニーは○三年三月期の連結業績を発表する。売上高七兆四千七百三十六億円(対前年同期比、一・四パーセント減)、営業利益一千八百五十四億円(同、三七・七パーセント増)。

エレクトロニクス部門は売上高四兆九千四百五億円(同、六・五パーセント減)、営業利益は前年の十二億円の赤字から四百十四億円という大幅な黒字化に成功していた。連結業績でもエレクトロニクス部門でも減収だったとはいえ、利益をきちんと確保した点は評価されていい。

たしかにエレクトロニクス部門の業績を通期の「数字」だけで見れば、営業赤字だった前年から業績を大幅に改善し、今後の成長も期待できると考えてもおかしくない。しかし同時に発表された第4四半期(〇三年一月から三月)の業績では、一千百六十一億円という巨額な営業赤字を出していたし、それまで稼ぎ頭であったビデオ事業でさえも百十五億円の営業赤字に陥っていたのだ。

その「変化」を投資家・市場は、どう受け止めたか。

エレクトロニクス部門は第3四半期までに年間予算(売上目標)を早々と達成していたため、あとはどれだけ上積みするのだろうかという強い期待を投資家・市場に抱かせていた。ところが現実は、上積みどころか逆に巨額な営業赤字を記録してしまう始末。市場に大きな不安が広がったことは、やむを得ないところである。

しかし問題を大きくしたのは、ソニーが翌年度の連結業績の見通しで営業利益を従来の予想から三〇パーセント減の一千三百億円に下方修正したことだった。投資家のソニーに対する不安を、いっそうかき立てたからだ。

業績発表の翌二十五日、東京株式市場ではソニー株の大量売りが殺到する。そのため売り気配が続き、取引時間内に売買が成立しないという異常な事態に陥ってしまう。また週明けの二十八日も、ソニー株の大量売りは続いた。ソニーの株価は二日連続でストップ安を記録することになった。

しかもソニー株の暴落は、同業他社の株価に影響を及ぼしただけでなく、日経平均株価をバブル崩壊後の最安値まで押し下げたのだった。こうしたソニー株の暴落に始まる一連の株価下落の現象は「ソニーショック」と呼ばれ、日本経済全体に与えた影響の深刻さを表すものとなった。

第４四半期のエレクトロニクス部門の巨額な営業赤字の原因については、ソニーは生産調整をともなう在庫調整の実施や構造改革(リストラ)などを挙げたが、肝要なのは原因そのものよりも、そのことを投資家・市場がどう受け止めたかである。

市場が抱いた不安は、第３四半期決算のエレクトロニクス部門の巨額な赤字が今後も続くのではないかという点である。つまりソニーには、赤字構造からエレクトロニクス部門を抜け出させる明確な方策が描けていないのでは、という不信感である。

市場の不安は、他社に比べてソニーがデジタル家電への取り組みが遅れ、薄型テレビやＤＶＤレコーダー、デジタルカメラの「三種の神器」の分野で不振を極めていることからも当然であった。もっというなら、ソニーはかつてのような高収益企業であり続けられないのではないかという市場の不信感が、ソニーショックの背景にはあったのである。

一方、ソニーの経営首脳はソニーショックの悪影響を払拭するため、その年の五月に経営方針説明会を開き、エレクトロニクス事業の構造改革(リストラ)と強化策を打ち出したものの、具体性や実現性に乏しい内容に逆に市場からいっそうの不信感をもたれる始末であった。そのため五カ月後の十月には、ソニーは異例とも言える、二度目の経営方針説明会を開催したのだった。

「トランスフォーメーション60」と名付けられた新たな改革案は、構造改革と成長戦略で成り立っていた。構造改革ではグループで二万人、そのうち国内で七千人の人員削減とブラウン管の国内製造からの撤退など生産拠点の集約が目玉であった。しかし肝心の成長戦略では、平面ブラウン管テレビ・ベガ以降、市場を作る、ないし市場を牽引する「ソニーらしい」商品の開発を期待できる内容ではなかった。あるのは出遅れたデジタル家電での「対抗商品」に過ぎなかった。

ソニーショックがＳＭＯＪも直撃

ソニーの経営不振は、当然のことながら、国内販売会社「ソニーマーケティング（ＳＭＯＪ）」の業績を直撃した。

ＳＭＯＪは、ソニー（本社）と「同格」の会社として設立された。設立から四年後、年間売上高一兆円を達成し、その存在感を確固としたものにした。そして「第二創業期」を迎えたとして、新社長に就任した小寺圭はＳＭＯＪが「ある種のプラットフォーム的な会社」になることを求め、こう宣言したものだ。

「カンパニーに対して『こんなハード（製品）を作ってくれ』じゃなくて、（ＳＭＯＪが）『こんなサービスを始めます。それに合わせたハードを作りませんか』と言える会社」になることである。

それゆえ、小寺は社内外にＳＭＯＪの将来の姿を喧伝して回った。たしかに、未来を見通した彼の主張は正しい。しかし販売会社としてのＳＭＯＪのビジネスは、日々の売り上げと利益の向上を目指すものである。いわば「今日のビジネス」が、すべてである。そこへ「明日のビジネス」を果敢に掲げるためには、時には「今日のビジネス」を捨てる勇気と覚悟が必要になる。

そしてそのためには、何よりもＳＭＯＪの方針に対するカンパニー（事業部）の理解と同意がなければならない。ＳＭＯＪはあくまでもソニー製品を仕入れる販売会社であり、開発製造はしない。それは、カンパニーの仕事である。カンパニーがＳＭＯＪの求める製品を作ってくれなければ、ＳＭＯＪ

はどうすることもできない。ソニー（本社）と「同格」の会社と言っても、ソニー製品しか仕入れないＳＭＯＪは弱い立場にある。

たとえば、デジタル家電の三種の神器のひとつ、薄型テレビ。

平面ブラウン管テレビ・ベガの売れ行きが好調のため、ソニーでは薄型テレビへの取り組みが他社よりもはるかに遅れていた。だからといって、薄型テレビを無視していたわけではない。二〇〇一年にはプラズマテレビ、〇二年には液晶テレビを相次いで発売していた。ただベガが売れていたため、薄型テレビに販売の軸足を移す姿勢にはなかった。

他方、プラズマテレビは松下電器が、液晶テレビはシャープがブラウン管テレビに代わる新しいテレビとして開発・販売に全社を挙げて取り組んでいた。そんな両社の姿勢に対し、片手間のソニーの薄型テレビが市場で勝てるはずがなかった。また太刀打ちできなくても、ベガが売れていたので問題になることもなかった。

ところが、ソニーショックから三カ月後の二〇〇三年七月、テレビの地上波放送は従来のアナログ（標準放送）からデジタルへ、それもハイビジョン放送へと完全に移行に向けて走り出す。これを契機に、薄型テレビが主流になっていくのである。

ソニーの商品力・ブランド価値を見直す

そのような向かい風がソニーに吹くなか、鹿野清が赴任していた「ソニー欧州（海外販社）」から帰国したのは、ソニーショックが起きる前年のことである。そして鹿野はＳＭＯＪの執行役員に昇任し、翌年にはテレビを含むＡＶ（音響・映像機器）製品すべての販売責任者に着任したのだった。

鹿野　清氏

鹿野清は一九七五年にソニー入社後、テレビ事業部を経てソニー米国(海外販社)に赴任するが、ここでの担当もテレビであった。一九九三年の帰国後は、ＰＣ事業及び関連ビジネスを任される。そして再び海外へ、ソニー欧州へ異動になるのだ。つまり鹿野は、海外と国内の営業畑を交互に経験していた。

そんな経験を持つ鹿野は、ＳＭＯＪの経営首脳からのミッションをこう語る。

「たまたま私は、カンパニー(事業部)や海外の販売と製造のすべてを経験してきましたので、(ＳＭＯＪの経営首脳から)『そのノウハウを活かして、いち早く国内のビジネスを少しでもいい方向へ持っていって欲しい』という要望を受けました。私の長いテレビのキャリア、経験を是非活かして欲しいという期待がトップにはあったと思います」

つまり鹿野は、ＡＶ事業の稼ぎ頭だったテレビ部門の、それも販売面の立て直しこそが自分に与えられた当面の急務だと考えたのである。

そこで鹿野は、ソニー製テレビの商品力やブランド価値を他社のそれと冷静に比較し、見直すことから始めることにした。というのも、ソニー独自のトリニトロン・カラーテレビの開発に始まって平面ブラウン管テレビ・ベガの大ヒットに至るまでの成果が、テレビ部門の設計部隊を含むエンジニア、いや社内全体に「テレビは、ソニーが一番に決まっている」という強い思い込みをもたらしているのではないかと考えたからである。

見直しの結果は、ソニーには厳しいものであった。

鹿野は、当時をこう回想する。

「そのとき、シャープの液晶テレビ『AQUOS（アクオス）』ブランドの支持率や社会での認知力が、ある意味でSONYブランドを超えていたことを客観的な事実として確認しました。残念なことでしたが、自分たち（ソニー）がナンバーワンではないこと、むしろナンバーワンを超える戦略を作らなければならないことを思い知らされました。その事実を周囲にも周知徹底させなければと考え、分析結果のいろんな数字を使いました。そうしないと、（テレビ部門の）設計部隊を始めエンジニアは信じませんから」

しかしシャープや松下電器など主要電機メーカーは、翌〇四年八月に開催されるアテネオリンピックに向けて薄型テレビの新製品開発に余念がなかった。四年に一度のビッグイベントであるオリンピックは、メーカー各社にとって「オリンピック商戦」との別名があるように「一大商戦」である。この商機を逃すわけにはいかなかった。

メーカー各社の宣伝文句は、オリンピック中継を薄型テレビが映し出すデジタルハイビジョンの美しい高画質映像で楽しみましょう、というものであった。それは、新たな需要を喚起するうえで最高のセールストークでもあった。

薄型テレビでオリンピック商戦に参入するか

もちろんソニーでも、鹿野の着任以前、つまりソニーショック前後から薄型テレビへの本格的な取り組み、新製品の開発は始まっていた。ここで鹿野は、「ひとつの選択」を迫られる。それは、アテネのオリンピック商戦に参戦するか否かである。

出遅れた薄型テレビの巻き返しを図るためには、オリンピック商戦は好機である。しかしそのためには、五月のゴールデンウィークまでに新製品を準備しなければならず、ソニーの開発部隊には半年余りの猶予しかなかった。たとえ開発時間を優先させたとしても、七月初めには市場に投入しなければ、八月十三日から始まるアテネオリンピックを目当てに薄型テレビの購入を考えている消費者には間に合わなかった。

オリンピック商戦参戦を選択すれば、間違いなく開発現場に無理を強いることになる。その場合、間に合ったとしても先行する松下電器とシャープの薄型テレビよりも優れた製品になっているかどうか、である。出遅れた薄型テレビ分野で一挙に逆転するためには、松下とシャープと「互角」ではなく「圧倒的に」優れた製品でなければ意味がないからだ。

もし開発部隊に無理を強いて間に合わせることができたとしても、オリンピック商戦で松下やシャープに敗れたなら、「やっぱり、強引過ぎた。中途半端な商品を出してどうする」などと社内の批判に晒されることであろう。この選択肢は、かなりリスクが高いものであると言える。

他方、満を持して臨むべきだと判断してオリンピック商戦に参戦しなければ、それはそれで「商機をみすみす逃がしてどうする。販売(SMOJ)は売る気があるのか」などの批判は絶えないであろう。どちらにしても、批判は覚悟しなければならない。

鹿野清は国内のAV商品すべての販売責任者として、薄型テレビ分野の巻き返しを一気に図ろうとするなら、絶対に拙速になることだけは避けなければならないと考えていた。

二〇〇四年八月十九日――アテネオリンピック開催中、ソニーはデジタルハイビジョン対応の薄型テレビ八機種(プラズマ、液晶)を記者発表した。

ブランド名は大ヒットした平面ブラウン管テレビの「ＷＥＧＡ（ベガ）」をそのまま使用し、新製品は「ＷＥＧＡ　ＨＶＸシリーズ」と名付けられたが、日常的にはプラズマ・ベガ、液晶ベガと呼ばれた。プラズマ・ベガは「五〇インチ、四二インチ、三七インチ」の三機種で、液晶ベガは「四〇インチ、三二インチ、二六インチ」の三機種だった。

その六機種に加えてソニーのＡＶ製品の最高級ブランドとして位置付けられた「ＱＵＡＬＩＡ（クオリア）」から四六インチと四〇インチの液晶テレビ二機種を合わせた八機種が、新製品として発表されたのである。

なお、当時の薄型テレビのボリュームゾーン（売れ筋）は、三〇インチから四〇インチであった。そのゾーンにＳＭＯＪでは三二インチの液晶ベガと三七インチのプラズマ・ベガを揃えたのを始め、画面サイズも消費者からの細かな要望に対応できるように小型から大型までフルラインナップの商品構成にしていた。

とくに高画質を担保する統合デジタルシステム「ベガエンジンＨＤ」には、ソニー独自のデジタル高画質技術・ＤＲＣをさらに進化させた「ＤＲＣ‐ＭＦ　ｖ２」が搭載されており、画質の美しさでは他社の追従を許さない仕上がりになっていた。同時に搭載されていたフルデジタルアンプ「Ｓ‐Ｍａｓｔｅｒ」は高音質を実現していたし、リモコンですばやく目的のコンテンツを選択できるなど操作性に優れたＸＭＢ（クロスメディアバー）の採用によって、ソニーは「グループ内の独自先端技術を結集」し、「画質、音質、操作性を三位一体で飛躍的に向上」させた「新世代のフラットテレビ」と記者発表の場で自画自賛したほどであった。

テレビ売場からベガの姿が消える

会見場は、出遅れた薄型テレビの分野で起死回生を狙ったソニーの並々ならぬ意気込みを感じさせる熱気で溢れていた。しかしそうした熱気に水を差したのは、質疑応答で記者から飛び出した「オリンピック商戦は(ソニーは)捨てたということですか」という質問だった。

それに対し、販売責任者の鹿野清は、「一年間通して、もっとも需要のある時期は年末年始の商戦です」と答えるに止まった。しかも鹿野は、薄型テレビに出遅れたソニーが反転攻勢をかけるに相応しい時期が他にありますか、と言わんばかりの自信に溢れた表情をしてみせたのだった。それが、たんなる強気なのかどうかは、会場にいた私にもよく分からなかった。

プラズマ・ベガと液晶ベガのＨＶＸシリーズは九月下旬から、クオリア・シリーズは十一月上旬から順次発売された。そして年末年始の商戦では、プラズマ・ベガと液晶ベガのＨＶＸシリーズはヒットを連発した。プラズマテレビの部門では、松下電器を抜いてトップに立つとともに、その市場シェアは三〇パーセントをはるかに超えたし、液晶テレビではシャープの牙城を崩すまでには至らなかったものの大健闘した。たとえば、十二月の薄型テレビ部門での市場シェアを見ると、プラズマ・ベガと液晶ベガの合わせたそれは二六〜二七パーセントを達成したと予測された。

それゆえ、ＳＭＯＪのテレビ営業部隊の幹部が「プラズマ(テレビ)はもう大丈夫、液晶も(先行する)シャープの尻尾が見えた」と薄型テレビ部門の起死回生に確かな手応えを感じたのは、あながち間違いとは言えなかった。

しかしプラズマ・ベガと液晶ベガの躍進は、そう長くは続かなかった。

年が明けて二〇〇五年を迎えると、次第に売り上げは伸び悩み始め、やがて完全に失速してしまうのだ。失速の理由はライバル・メーカーの強烈な巻き返しにあったか、ないしは予想以上の売れ行きで品切れを起こしたかのどちらかである。ＨＶＸシリーズの場合、後者であった。

ソニーでは当時、プラズマテレビにしろ液晶テレビにしろ、使用するパネルは海外メーカーから購入していた。パネルメーカーでは、ソニーなどテレビメーカーから予約されたパネルの数量を踏まえた上で、さらに市況を加味して年間の生産量を決めていた。そのため、予想以上に薄型テレビが売れたからといって、テレビメーカーが増産のためパネルを追加注文してもすぐに調達できるわけではなかった。パネルメーカーもある程度、見込み生産をしていたが、テレビ市況が悪化することなども考慮し、できるだけ在庫を抱えないようにしていたからだ。

つまり、プラズマ・ベガと液晶ベガが予想以上に売れたので増産すべきなのだが、必要なパネルが調達できなかったため、品切れを起こしたというわけである。そのため、テレビ売場から姿が消えたのである。

人気商品を売り場に揃えられなかった当時の悔しさを、ＳＭＯＪ東海支店長だった松下雄樹はこう振り返る。

「〇五年の年初には、非常にモノ（薄型テレビ）がない状態でした。とくに三二インチは一番売れるサイズなのですが、肝心の商品が（ＳＭＯＪには）ありませんから、小売店の店頭に（薄型テレビの展示商品が）並んでいても店としては売るわけにはいきません。というのも、お客様に納期の返事ができませんから、売りたくても売れなかったのです。そうなると当然、小売店さんでは（ソニー以外の）他社の薄型テレビを販売することになってしまいます。しかもその頃は、ソニーの薄型テレビのシェアが上がりつつあった時でしょう。これが、販売現場の人間にとって一番辛かったですね」

また、東海支店を統括する中部営業本部長だった鳥飼道夫は、薄型テレビ商戦が激化する中で飛び交ったソニー製品に対する誹謗中傷に悔しさを改めて滲ませる。

「液晶パネルは、たしかに(韓国メーカーの)サムスンから買っていましたので『ソニーは韓国製パネルを使っている』と言われるのは、その通りなので仕方ありません。しかし『ソニーのテレビは韓国製』と言われ、それが口コミで広がった時には、さすがに口惜しかったですね。テレビの画作りはパネルの良し悪しだけで決まるものではなく、映像回路とかの回路技術がもっとも大切なんです。そこの部分では、ソニーは絶対に負けないという自信があったのですが、そのことをテレビを買いに来ていただいたお客様一人ひとりにご理解していただくのは、なかなか大変なんですよ」

さらに、言葉を継ぐ。

「それに『ソニーのテレビは韓国製』などといった噂がどこで流されているのか分かりませんでしたから、それが誤解であることをお客様に説明しようにも説明のしようがありません。日本のお客様の間には、まだ韓国製品は日本製品よりも劣っているというイメージがありましたから、お客様の誤解を解くのは容易ではありませんでした」

テレビ事業、赤字に転落

そうした販売現場の持っていき場のない悔しさや怒りに対し、販売責任者の鹿野清は起死回生を賭けた年末年始の商戦とＨＶＸシリーズの問題点をこう総括した。

「それまでのラインナップの不足を、プラズマテレビと液晶テレビの二つのいいとこ取りをして補い、(他社との薄型テレビのシェア争いに)全面戦争で臨もうとしてフル展開したのがＨＶＸシリーズでした。商品ラインナップ上、必要なものはすべて揃えきったという自信はあったのですが、パネルが自前ではなかったため大事なビジネスの柱である供給力やコスト力に関しては、ソニーにはまだまだ十分な力はありませんでした。そのため、最終的に満足のいく結果が出せませんでした。実力がないのに無理して商品ラインナップを揃えても、結局は長続きはしないというのが(〇四年から〇五年の)年末年始の商戦の実態だったかなと思います」

さらに、鹿野の総括は続く。

「そのとき、たぶん私を含め開発や設計の人たちが思っていたのは、どんなパネルを使ってもいい画を出すためにはそれをドライブする回路が必要であって、その回路に対する長年の技術の蓄積がソニーにはあるのだからパネルを買おうがどうしようが、アウトプットする映像さえよくすれば問題ないということです。そこに、私たちは商品の優位性を求める意思が強かったと思います。ただ簡単な話、モノ(製品)を作ろうとしたら(回路などの)基板はあるけれども(テレビ画面の)パネルがなかったということが起きたわけです。その時に初めて、キーデバイス(製品の核となる電子部品)であるパネルを自前で持たなければダメだということを(みんなは)実感したのだと思います」

たしかに鹿野が指摘するように、パネルの外部調達に依存する限り市場のニーズに即応できない側面があることは事実である。しかし問題は、それだけではない。

ハワード・ストリンガー体制へ

二〇〇四年の年末商戦では、ソニーの薄型テレビは大ヒットし、大いに売り上げを伸ばした。しかし〇四年度第3四半期業績(十月から十二月)を見ると、たしかに薄型テレビは大幅な増収を実現していたものの、営業利益ではテレビ事業の赤字を減少させるまでには至っていない。つまり、増収に見合うだけの利益を挙げていないのである。

薄型テレビは当時、全体のコストのうち約七割をパネル代が占めていると言われていた。だから、多くの証券アナリストはソニーの薄型テレビが増収に見合った利益を出せないでいる原因を、異口同音にこう指摘したものだ。

「一番利幅の大きい薄型テレビで、液晶もプラズマもパネルを他社から購入していたのでは、(営業)利益が出ないのは当たり前です。もっとも利益を生み出すパネルというキーデバイスを自社で作らなければ、大きな利益を確保することはできません。いまのソニーは、薄型テレビに関していえば、単なるアセンブル(組み立て)メーカーに過ぎません」

その後、薄型テレビ市場では急激な価格下落が進む。それに対応するため、ソニーは「ハッピーベガ」など廉価な薄型テレビをラインナップに加えて、いわゆる「価格競争」での薄利多売に走るのである。しかしパネルを自社生産していないため、増収になってもそれに見合うだけの利益を確保できないという構図は変わることはなかった。

二〇〇五年三月期の連結決算で、ソニーのテレビ事業は営業赤字に転落した。以後、テレビ事業の赤字は十年以上の長きにわたって続くことになる。長らく稼ぎ頭だったテレビ事業の赤字転落は、ソニーの経営の危うさを誰もが感じ取ったであろう。「ソニーのひとり勝ち」の時代が、終焉を迎えようとしていた。

ソニーショック以降、会長の出井伸之を先頭にソニーは「構造改革」と「成長戦略」を旗印に再建に乗り出していたものの、目に見える結果が伴わなかったこともあって、経営陣に対する社内外からの風当たりは日増しに強さを増していた。そして二〇〇五年三月、ソニーは会長兼グループＣＥＯの出井と社長の安藤国威の二人の同時辞任と、社内取締役七名の退任を発表した。新しく会長兼ＣＥＯにはハワード・ストリンガーが、社長に中鉢良治が内定したことも明らかにした。

まさに経営陣を一新して、新しいソニーへの出直しであった。

ストリンガーはソニー米国の会長として、音楽と映画の二つの部門を担当し、ソニー本社では副会長を務めていた。ソニー創業以来、初めての外国人トップの誕生である。もともとエンタテインメント分野が長いストリンガーに、はたしてエレクトロニクスメーカーとしてのソニーの再建を託しても大丈夫か、といった不安の声が社内外に根強かったのは当然であった。

そしてＳＭＯＪにとっても、日本語を解さない新しい経営トップの登場は国内販売を立て直すうえで大きな試練となった。

第6章

迷走と試行錯誤（1）

急速に進む液晶パネルの技術革新

二〇〇五年三月七日、ソニーは会長・社長の同時辞任と社内取締役全員の退任という経営陣の一新を発表した。新聞などの主要メディアは、主力のエレクトロニクス事業の不振による業績低迷の経営責任を問われたものだと報じた。

新しく会長兼グループCEOに就任したのは、ソニー米国の会長兼CEOでソニー本社の副会長を務めていたハワード・ストリンガーで、社長にはソニー本社副社長の中鉢良治が昇任した。新社長の中鉢は、その席上で「エレキ(エレクトロニクス事業)の復活なくしてソニーの復活なし、テレビの復活なくしてエレキの復活なし」と宣言し、ストリンガー・中鉢の新経営体制下ではエレクトロニクス事業の再建を最優先課題として取り組むことを明らかにしたのだった。

そのころ、テレビ事業は売上高の一五パーセント近くを占めていた。そのことを考えるなら、社長の中鉢に限らずソニー経営陣にとって、業績が低迷するエレクトロニクス事業の再建とはテレビ事業の立て直しに他ならなかった。その意味では、中鉢の「宣言」は妥当なものであった。

もちろん、ソニーの経営陣はパネルの自社生産を断念した結果、その調達に苦労し商機を失うなどの事態を看過していたわけではない。前年の〇四年四月には、出井・安藤の体制下で世界有数の液晶パネルメーカーである韓国のサムスン電子と合弁による製造子会社「S-LCD」(本社・韓国牙山市)の設立に同意している。そのさい、プラズマテレビ事業の漸次縮小と、間近に迫った大画面テレビ時代を液晶テレビに絞る決断をしていた。

というのも、液晶パネルの技術革新は、ソニーが当初予想した以上の速さで進み、二つの大きな変化をもたらしていたからだ。

ひとつは、ソニー自慢の優れた回路技術を十分に活かすことのできる高品質な液晶パネルの量産が可能になったことである。もうひとつは、液晶テレビの大画面化が加速したことである。それまで液晶テレビの大画面化は、技術的に困難だと見なされていた。そのため大画面化が容易なプラズマテレビは大型テレビ、液晶テレビは中・小型という棲み分けがなされてきた。その境界線の意味が、もはや失われつつあったのだ。

社長の中鉢が「テレビの復活」を高らかに宣言できたのは、合弁製造子会社「S－LCD」による液晶パネルの量産化が四月から始まるからだ。S－LCDに敷設されたのは、第七世代（ガラス基盤サイズ、一八七〇ミリ×二二〇〇ミリ）の液晶パネルの製造ラインである。ガラス基板サイズでそれまで最大だったのは、シャープの亀山工場の第六世代である。

ハワード・ストリンガー氏

基盤サイズが大きければ大きいほど、液晶パネルを効率的に切り取れるのでコスト削減に繋がり、価格競争力を持つことになった。たとえば、第七世代のガラス基板からは四〇インチの液晶パネルを八面取りすることができる。これが可能なのは当時、S－LCDだけであった。その意味では、デジタルハイビジョン放送の普及とともに一般ユーザーの間にテレビの大画面志向が強まるなか、S－LCDは世界最先端の液晶パネル工場であった。

そのS－LCDでの量産化の開始は、テレビを含むAV製品の販売責任者であるＳＭＯＪ執行役員の鹿野清にとって朗報以外の何物でもなかったろう。ＨＶＸシリーズで薄型テレビ市場へ本格参入したものの、最終的にパネルの調達がうまくいかず商機をみすみす逃がしてしまった経験は、鹿野に自前のパネルを持つ必要性を改めて強く感じさせていたからである。ただし鹿野は、手放しで喜ぶようなことはなかった。

というのも、たとえ最先端の液晶パネル工場が生産するパネルとはいえ、自分の目で確かめない限り、安心できなかったからだ。薄型テレビ戦争を勝ち抜くには、調達以上にパネルの「品質」が決め手になると考えていたのである。

「会社が何をしたのか分かっていました。ただ投資した工場（Ｓ－ＬＣＤ）の実力はまだ分かっていませんでしたから、じつは四月に量産を開始しても半信半疑でした。それで実力を自分の目で確かめてから次の手を打つべきだと考え、自分でも韓国まで工場を何度も訪ねました。そして七月に入る直前ぐらいに、パネルの品質や歩留まりを含む生産性に確信が持てるようになりました。それで年末の（薄型テレビの）ラインナップもだいたい見えてきました」

売る側と造る側が議論する場をつくる

それにともない、鹿野は売る側（ＳＭＯＪ）と造る側（事業部）が商品について正式に議論する場を数多く設けるようにした。理念を共有することで、ともすれば疑心暗鬼に陥り、互いに重箱の隅を突っつきかねないリスクを避けるためでもあった。時には一日かけて、売る側と造る側だけでなく、たとえば開発・設計・デザインにマーケティング・営業（現場）、さらにはショールームのアテンダントやコールセンターで電話を受ける部隊までも含む関係者が一堂に会して話し合った。

その会議の場では、立場や役割を超えて、ソニーのテレビは何を目指すべきかなどが徹底的に議論された。しかし鹿野が期待したのは、その会議から何か画期的なアイデアなどを生み出すことではなく、むしろそのプロセスを通して参加者が「連帯感」を共有するようになることであった。「テレビの復活」のためには、何よりも「広範なソニー力の結集」が大切だと考えていたからである。

そうした鹿野の姿勢や行動を強く支持したのは、〇五年四月からテレビ事業の担当役員に就任した副社長の井原勝美だった。その井原が就任早々に行ったことは、他社のテレビとの比較である。秋以降の商品ラインナップが正しく揃えられているかなどの点検や、宣伝広告を含むマーケティングの見直しに着手した。

まずは、ソニーのテレビの分析――。

「いつも言うのですが、コンスーマー(一般消費者)ビジネスを利益の伴った成長軌道に乗せるには、商品の機能とコスト、そして売値という三つのパラメーターのバランスをよくすることです。その点では、ソニー(製品)のバランスは非常に悪かったですね。具体的に言えば、非常に機能はいいのだけれども、コストが高く売れても儲からないという感じでした。それから売り方も、一番リッチな商品はクオリア・ブランドで、その下がプラズマ・ベガと液晶ベガのHVXシリーズ、さらに下にはハッピー・ベガという形でマーケティングをしていたわけです」

次は、他社との比較評価へと続く。

「それに対し、シャープさんはアクオス(AQUOS)で吉永小百合さん、松下さんがビエラ(VIERA)で女優の小雪さんというふうに、会社としてのひとつのカテゴリーをうまくタレントと関連づけながらプロモーションすることに成功していたと思います。両社を比べると、ソニーの場合、どうしてもややイメージが拡散していた印象を受けました。だから、大至急、名前（ブランド）と商品群を連想できる態勢を整えなければいけないと思ったのです」

たしかに、WEGAブランドは平面ブラウン管テレビでの大成功もあって、薄型テレビのイメージとしては印象が弱かった。

新ブランド「ブラビア」と「ソニーパネル」を発表

その後、SMOJの鹿野清がS-LCD製造の液晶パネルの品質に満足した七月には、ソニー副社長の井原勝美はベガに代わる新しい液晶テレビのブランドの導入を決断する。日本を含む全世界で秋以降の商戦に新ブランドで臨むためには、七月が必要な商品ラインナップを揃えられるぎりぎりのタイミングだったからだ。

ちなみに、井原は新しいブランド名を「BRAVIA（ブラビア）」に決めるが、格別な理由があったわけではない、という。井原によれば、「いくつかあった候補から、語感が気に入ってぱっと選んだだけ」なのだと。

九月十四日、新ブランド「BRAVIA」の記者発表が、都内のホテルで行われた。

壇上には、販売責任者の鹿野清の姿があった。そして鹿野は「大画面ハイビジョンテレビ〈ブラビア〉誕生」のロゴを背景に説明を始めた。

BRAVIAブランドの最初の商品となったのは、ハイエンドのXシリーズ（四〇インチ、四六インチ）、ボリュームゾーンのSとVのシリーズ（ともに三二インチ、四〇インチ）、そしてリア・プロジェクションテレビ（背面投射型テレビ）のEシリーズ（四二インチ、五〇インチ）の四シリーズ八機種である。E

シリーズのリアプロは、テレビの筐体の中に入れたプロジェクター(映写機)から画面に映像を投写するものだ。画像をレンズやミラー(鏡)を使って拡大するため、大画面化が容易でローコストで製造できるというメリットがあった。そのため、当時の北米市場で人気の大型テレビは、リアプロが七〇パーセント以上のシェアを占めていた。ただし画質では、薄型テレビが有利であった。

なお、SシリーズとVシリーズはデザインが違うだけで、機能はほぼ同じである。

壇上の鹿野は、ブラビア・ブランドで使用されているS-LCD製の液晶パネルを「ソニーパネル」と名付けた。その理由を、こう説明する。

「ソニーのパネルだから『ソニーパネル』にしたんです。一番簡単で分かりやすいでしょう。ある意味、(ソニーパネルは)トリニトロンだと思っています」

もちろん、鹿野の言わんとするところは、たんに「ソニーが造ったパネル」ということではない。ソニーが要求した三つの条件をクリアしたパネルという意味に他ならない。その三つの条件は、他社の液晶テレビと明確に差別化するものであった。

たとえば、その「差」のひとつは、従来の液晶テレビが抱える視野角の狭さを、当時の業界最高水準となる上下左右一七八度の広さまで確保したことである。二つ目は一三〇〇対一という業界最高のコントラスト比の実現、そして三つ目はサッカーなど動きの速いスポーツ映像の残像感を抑えるためパネル応答速度八ミリ

液晶テレビ「BRAVIA」(初代)

／秒（一万分の八秒）という業界最高水準を達成したことである。

ソニーパネルは二〇〇五年当時、業界最高レベルの液晶パネルだったと言っても過言ではなかった。ソニーパネルはＳ‐ＬＣＤ製であったが、サムスンの液晶テレビで採用されているタイプと違って、ソニーの三つの条件をクリアしたワンランク上の「Ｓ‐ＰＶタイプ」が使われていた。

テレビ事業本部の村山裕（当時、プラットフォーム技術部統括部長）は、Ｓ‐ＬＣＤ設立当初からサムスン側と技術ミーティングを重ねてきたエンジニアで、ブラビアのＸシリーズの商品設計担当者でもある。その村山によれば、液晶パネルを造れば、それが即テレビ画面になるわけではない、という。

「デバイスがすべてじゃないんです。いまある技術を組み合わせてイメージするパネルに仕上げていく、完成度を高めていくことが重要なんです。一番のポイントは、いい画面を作ることができる目を持ったエンジニアが仕上げることだと思います。そしてさらに、その品質をいかに確保するか——そこが、ソニーパネルの規準です。ですから、サムスンさんが自分でお造りになって外へ出している（外販）規準とは、まったく違うものです」

ブラビア・シリーズへの疑問

ソニーパネルとは、いわばサムスンのパネル技術とソニーのＡＶ技術が補完し合うことで実現した製品なのである。たとえば、トリニトロンで培った蛍光体の技術は液晶の画面を光らせるバックライトに採用されて、赤や緑の色の表現力を従来の製品と比べて三〇パーセント以上も高めていた。

もちろん、問題がないわけではない。

記者発表の場では、鹿野に対して厳しい質問が飛んだ。

そのひとつは、ブラビア・シリーズの品揃えの少なさである。たしかに、SシリーズとVシリーズはデザインが違うだけで機能面はほとんど変わらない。実際にはブラビア・シリーズはわずか四機種で、画面サイズを別にすれば、二種類に過ぎない。これで、先行するシャープを始めとする他社の液晶テレビに対抗できるのか、という疑問だった。

二つ目は、ソニー独自のデジタル高画質技術・DRC(デジタル・リアリティ・クリエーション)を搭載しているのが、ハイエンドのXシリーズだけでいいのか、どうして全機種に搭載しないのかという質問である。つまり、高画質を謳うソニーのテレビなら、DRCを全機種搭載して当然ではないか、という疑問である。

しかし鹿野は反論らしい反論をすることなく、そうした批判や疑問などを黙って聞いていた。おそらく鹿野自身も、記者からの指摘には「もっともなことだ」と思っていたのではないだろうか。

鹿野には記者からの質問の意図は十分に分かっていたはずだが、直接反論する代わりにソニーパネルがどのメーカー製よりも優れている点を繰り返し強調するだけであった。質疑応答を通して鹿野が何を言いたかったかを推測すると、おそらく次の二つのことではないかと思った。

ひとつは、HVXシリーズのようなフルラインナップを揃えるのではなく、薄型テレビ市場に早く「SONY」のプレゼンスを確立するためには、ターゲットを絞って臨むことにしたことだ。たとえば、当時の薄型テレビの売れ筋は、三二インチから四〇インチである。このボリュームゾーンで、ソニーの液晶テレビが確かなシェアを獲得すれば、市場に対して発言力を持つことになる。

だから鹿野は、SとVシリーズでは「三二インチ」と「四〇インチ」の二機種に絞ったのである。そのうえで、もうひとつ考えられることは、次のようなものだ。

ＤＲＣの搭載を見送ったのは、たしかにコストダウンの一面もあっただろうが、それ以上にソニーパネルの品質の高さを広く一般ユーザーに周知させるには、ＤＲＣを搭載しなくても他社製品には負けない、圧倒的に綺麗な画質を示す必要があったのである。

当時は一般ユーザーにとって、テレビとは液晶パネルとほぼ同義語であり、パネルの品質で他社に遅れをとっていると思われたら、彼らの幅広い支持をブラビアは得られなかった。

もちろん、薄型テレビは普及とともに価格は下落傾向にあり、ボリュームゾーンのＳとＶシリーズが他社との競争に勝つには一般ユーザーが購入しやすい価格、つまり割高感を持たれない値付けをすることも同時に重要であった。

ブラビアの快進撃

ところで、ソニーパネルの誕生を誰よりも一番喜んだのは、ＳＭＯＪの営業現場だったろう。とくに「ソニーのテレビは韓国製」という他社からの誹謗に唇を嚙みしめた中部営業本部長の鳥飼道夫は、その効果を語るにも口も滑らかだった。

「(ブラビアで)自前のパネルになったのが、一番大きかったですね。もうソニーのテレビは韓国製と陰口されることはなくなりましたし、それに(営業現場の)モチベーションがものすごく上がりましたから」

東海支店長の松下雄樹は、ブラビア・シリーズではプラズマテレビから撤退したことについても「まったく問題ない」と意に介する様子もない。

「プラズマテレビに代わるすごい商品が用意されましたから、Ｅシリーズで十分に対応できます。

Eシリーズには DRC(正確には、新しいバージョン「DRC‐MF」)が搭載されていますから、画質が本当にキレイで素晴らしいので売りやすいです」

ソニーパネルとブラビアに対する絶対的な信頼感を持ったからであろうか。

SMOJの各地の営業現場では、家電量販店など家電小売店に対し、液晶テレビの売り場にはシャープのアクオス・シリーズの隣にSとVシリーズを、プラズマテレビの売り場では松下電器のビエラ・シリーズの近くにEシリーズを展示するように強く求めている。

さて、SMOJの思惑は成就したであろうか。

ブラビアのSシリーズは十月一日から、Vシリーズと Eシリーズは十月二日から、そしてハイエンドのXシリーズは十一月二十日から順次、全国各地の家電量販店など家電小売店で発売された。すると発売以降、全国各地の家電販売店のテレビ売場では、それまでとは違う風景が見られるようになった。

たとえば、愛知県の地元家電量販店チェーンとしてはトップクラスの「エイデン」(現、エディオン)では、メッツ大曽根店(名古屋市)のテレビ売場のフロア長、柚木健志は「違う風景」をこう話す。

「以前なら、液晶テレビを買いに見えられたお客様のほぼ一〇〇パーセント、全員がシャープ(の液晶テレビ「アクオス」)を指名されていました。しかしいまは、違います。ブラビアを指名されるお客様が、三〇パーセントにも上ります。いまでは『液晶テレビならシャープ』といった絶対的なものは、ここ大曽根店ではなくなりました」

そしてその「違う風景」が一過性のものでないことは、数字によって裏付けされる。

二〇〇五年十二月第二週(五日から十一日)の週間ランキングでは、ボリュームゾーンである三二インチの液晶テレビ部門でソニーは、初めてシャープを抜いて首位に躍り出たのだ。機種別でいえば、ブラビアのVシリーズの三二インチが六・三パーセントの市場シェアを獲得し、シャープの同サイズの五・九パーセントを上回ったのである(数字は、調査会社BCN調べ)。

三二インチのVシリーズがブラビアの液晶テレビ全体を牽引する形で、その勢いは年が明けた〇六年一月でも衰えることはなかった。

一月第一週の週間ランキング(二日から八日)を見ても、三二インチ以上の液晶テレビ市場ではブラビアのVシリーズの三二インチがシャープを抑えての首位の座は変わらなかったし、液晶テレビ全体でも首位シャープ(四一・六パーセント)に次ぐ第二位(二六・六パーセント)を確保していた。液晶テレビとプラズマテレビを合わせた薄型テレビ市場でも、首位シャープの三七・四パーセントは別格としても三位の松下電器の一三・六パーセントをかなり引き離した二四・六パーセントの市場シェアを獲得して第二位に付けていた(同、BCN調べ)。

その後もSMOJは、節目節目でブラビア・シリーズの新製品をテレビ市場へ適時投入していき、売れ行きの好調さを維持した。その結果、BRAVIAブランドは日本だけでなく世界でも広く浸透し、世界の液晶テレビ市場でもソニーは韓国のサムスンに次ぐ第二位の座を獲得するまでになったのだった。

翌二〇〇七年八月二十九日、ソニーは本社で液晶テレビ・ブラビアの「二〇〇七秋・冬　新商品発表会」を開催した。新商品の説明に立ったSMOJの鹿野清は、ボリュームゾーンの主力商品が従来の三二インチのテレビ画面から四六インチに急速に移行しつつあることを一般ユーザーの購買動向調査から指摘した。つまり、テレビ市場は本格的な大画面化の時代を迎えたのである。

発表された新しいブラビアは、六シリーズ十五機種(四〇インチから七〇インチ)で、フルハイビジョン(フルＨＤ)放送に対応し、全機種にソニー独自のデジタル高画質技術・ＤＲＣが搭載されていた。鹿野にすれば、新ブラビアは「拡大・進化」期に入り、満を持しての「大画面フルＨＤ拡大による感動画質の提供」であった。

ちなみに、フルＨＤとは、垂直画素(走査線)の数が一〇八〇画素(本)の高画質の映像のことである。一般的に高精細・高画質の代名詞として使われるハイビジョン(ＨＤ)の規定には幅があり、一〇三五画素以上の映像をＨＤと呼び、その最高レベルの一〇八〇画素のものはフルＨＤとして区別している。

新ブラビアの六シリーズ十五機種は、九月から十一月にかけて順次発売された。そして新ブラビアも、引き続き勢いを維持し、テレビ市場での売れ行きも好調であった。

二〇〇七年十二月中旬、ソニー会長兼ＣＥＯのハワード・ストリンガーは、テレビや新聞・雑誌等の国内の主要メディアを本社に招いて記者会見を行った。ソニー米国の会長兼ＣＥＯも務めるストリンガーは、映画や音楽等のエンタテインメント部門の責任者でもあるためオフィスのあるニューヨークに滞在し、日本には一カ月のうち半分もいない。その多忙なストリンガーが国内メディアを一堂に集めて、記者会見に応じることはきわめて珍しいことであった。

記者会見の間、ストリンガーは笑みを絶やさなかった。デジタルカメラやデジタル携帯オーディオなどの新製品が北米市場を始め世界で好調だったことが、彼を饒舌にしているようであった。

とくに、液晶テレビ「ＢＲＡＶＩＡ(ブラビア)」の業績の話題になると、さらに彼の舌は滑らかになった。

「(〇七年)九月に投入した(ブラビアの)新モデルは、たいへん優れた販売実績を示しています。ブラビアは米国市場でシェアがナンバーワンですし、中国でも強力な売り上げ動向を示し、第一位です。日本でもシェア・トップだと申し上げたいのですが、シャープが第一位のようです。それから年末年始の商戦でも、強い販売実績が見られると予測しております」

たしかに、発売以後、ブラビアの好調な売り上げは続いていた。その勢いを持続したまま年末年始商戦に突入し、四半期ベースで初めて北米市場で首位に立ったのだった。

米国調査会社「ディスプレイリサーチ」によれば、米国を含む北米市場の液晶テレビ部門のシェア(出荷台数)では、ソニーが一二・八パーセントで第一位、二位は韓国のサムスンの一二・三パーセントである。日本で断トツ一位のシャープは八・四パーセントの四位に後退していた。また、プラズマテレビも合わせた「薄型テレビ」部門でも、ソニーは液晶テレビしか販売していないものの、一一・二パーセントのシェアを獲得し第二位に付けていた。ちなみに、トップはサムスンで一三・一パーセントだった。

テレビ再建の道は遠く

しかし問題なのは、ブラビアの好調さがテレビ事業の赤字解消に繋がっていなかったことである。二〇〇五年三月期から始まったテレビ事業の赤字は〇八年三月期も改善されることはなかったし、目指した単年度黒字も達成できなかった。テレビ事業の赤字は、逆に累積で約二千億円にまで膨らんでしまっていた。

肝心要の「テレビの再建」という大目標の見通しは暗く、先行きは不透明だった。たしかに「売れても赤字」では、ＳＭＯＪを始め世界の販売会社がいくらブラビアの売り上げを伸ばしたところで、どうしようもなかった。

韓国のサムスンと合弁で液晶パネルの製造子会社を設立することで、たしかにパネルの調達は安定した。だからといって、パネルの価格まで格安になったわけではない。製造子会社Ｓ－ＬＣＤの株式の過半数はサムスンが握っており、パネルの仕入れ価格をソニーが自由に決められるものではなかった。

パネルの値段は、液晶テレビの製造コストの約七割を占めると言われる。それに販売経費などを加えていき、テレビの価格(市場推定価格)を決める。しかしテレビの市場価格は需給関係で決まるため、テレビメーカーが増え、大量の液晶テレビが市場に出回るようになると当然、その価格は値下がりする。

下落した価格から利益をより多く確保しようとすれば、大量に売る必要があった。つまり薄利多売である。となれば、競合他社も同様に出荷台数を増やすだろうから、市場では「安売り」競争が激化することになる。つまり「値下げ競争」という負のスパイラルに陥ってしまい、液晶テレビは利幅の薄い商品にならざるを得ない。

ソニーのテレビ事業が利益を出せないでいるのは、高コストの液晶パネルを自社生産していないため、全体のコストの調整が容易でないからである。しかも世界のテレビ市場では、韓国メーカーのサムスンやＬＧは日本の家電メーカーのお家芸であった高付加価値の液晶テレビを商品化できる技術を身につけ強力なライバルとして登場していたし、ローエンド(廉価な機種)の商品には中国・台湾メーカーの格安テレビが躍進しているという環境があった。

そのような状況にあってもなお、ソニーの経営首脳はテレビの復活を「薄利多売」に期待し、いっそう拍車をかけたのだった。

DRC搭載の中止とSMOJの立場

ソニー社長の中鉢良治には、もうひとつ「エレクトロニクスCEO」という肩書きがあった。つまり、エレクトロニクス事業の最高責任者なのである。その中鉢はコストダウンのため、液晶テレビ「ブラビア」の高画質を担保しているソニー独自のデジタル高画質技術・DRCの搭載を止める。さらに彼は「ブラビアには今後一切、DRCは搭載しない」と公言してはばからなかった。

たしかに、DRCは専用のLSI(大規模集積回路)で作られているため、汎用のLSIと違って大量に製造されない分、高コストにならざるを得ない。低価格で大量にブラビアを売って利益を確保しようとするなら、DRCの搭載を止めることが手っ取り早い、もっとも有効なコストダウンである。ただし、大量に「売れれば」の話である。もしユーザーがDRCを搭載しないブラビアの画質が悪くなったと判断し購入を止めれば、つまり売れなくなれば、在庫が増えるだけである。

画質に関しては、中鉢以下、テレビ事業の担当役員や幹部は、地デジ放送が始まりコンテンツがHD(ハイビジョン)放送されるようになったから、DRCを搭載しなくても他の技術でカバーできるし、比べても画質に差はなかったという判断をした。

その判断と決定に対し、強く反対したのはSMOJである。

テレビ事業部の幹部がSMOJの役員にDRCの搭載中止を告げると、その役員はこう強く反論した、という。

「DRCは他社製品との差別化技術として、すでにひとつのブランドになっています。いや、ブランドにするために、SMOJとソニー本社の広報は十年間も努力してきました。そしてその結果、高画質のテレビを希望されるお客様はDRCブランドを信頼し、DRCが(ブラビアに)搭載されていることを確認してから購入されていきます。それなのに、なぜDRCの搭載を止める必要があるのですか。理解できません」

しかしテレビ事業部の幹部は、DRCを搭載しなくても画質に差がないこと、コスト削減の必要性の二つをくり返し説明するだけで、SMOJの役員の指摘を真摯に受け止めることはなかった。そのため、SMOJの役員は販売する側の立場として「ひとつだけ」要望を出した。

「(DRC搭載の有無を)決めるのは事業部ですから、私どもはそれに従います。しかしハイエンド(最上位機種)だけは是非、DRCを残して下さい。(販売での)シャワー効果が期待できますから」

シャワー効果とは、一種のイメージ効果のことである。

たとえば、家電製品の王様と言われる「テレビ」のケースを考えてみよう。

テレビメーカーは、ひとつのシリーズを発売するさい、商品をハイエンド(最高機種)、ミドルクラス(普及機種)、ローエンド(低価格機種)といった具合にフルラインナップで揃えるものだ。シリーズを代表するハイエンドには新しい機能を始め最高のスペックで整えられ、デザインにも非常なこだわりが施されている。価格は当然、シリーズで一番高くなる。しかしハイエンドが持つ高品質・高機能に加えてオシャレで高級なイメージは、シリーズ全体を包み込み、一般ユーザーの購買欲を高め、刺激する。つまり、そのようなイメージが一般ユーザーの購買動機に繋がるのである。

とはいえ、高額なハイエンド商品は一般ユーザーには気軽に買えるものではない。しかし同じシリーズのミドルクラスなら、値ごろ感の商品だと受け止め、十分に手の届く商品として映るのである。それゆえ、ミドルクラスはボリュームゾーン（売れ筋）の商品とも言われるのである。ある意味、ボリュームゾーンが利益の源泉だと言っても過言ではない。

もちろん、ミドルクラスがボリュームゾーンの役割を十二分に果たすためには、ハイエンド商品がシリーズに揃っていなければならない。売り上げを伸ばし利益を拡大しようと思えば、SMOJ役員の「要望」は、至極当然のことなのである。だが、テレビ事業部は、つまりソニー本社はSMOJの要望を拒否した。以後、フルHD対応のブラビアには、DRCが搭載されることはなかった。

ソニー本社と対等・同格で、時にはSMOJの要望する製品開発も行い、そうして商品化されたソニー製品をも仕入れて販売する会社を目指したSMOJの創立者たちの思いは、もはやすっかり忘れ去られ、影も形もなかった。本社がダメだといえば、たとえ理に適っていないことであってもSMOJは従うしかなかった。

社長の中鉢らソニーの経営幹部たちのDRC不要の判断は、実際の販売現場ではどのように映っていたであろうか。

ソニーのハイエンドからの撤退について、家電専門誌の記者は疑問を投げかける。

「これには、家電量販店のテレビ売場も困ったようでした。ソニーがハイエンドとして販売する製品も、市場から見ればミドルクラスに過ぎません。つまり、テレビ売り場ではソニーのブラビア・シリーズはハイエンドがなくてミドルクラスがふたつあるようなものですからね。店（家電量販店）としても、どちらに力を入れて売ったらいいのか、迷っているみたいでした。私自身、正直なところ、変な商品構成だなと思いました」

安売り競争の最中に「リーマン・ショック」

薄利多売による「テレビの復活」を狙ったソニー社長の中鉢良治は、DRCの不搭載でコストダウンに成功すると、次に年間出荷台数を従来の二倍に増やすという信じがたい数値目標を掲げた。

それまでのソニーの年間出荷台数は、全世界で一千万台前後であった。ところが、中鉢は二〇〇八年度(〇八年四月から〇九年三月末)の世界での販売目標を二千万台、二〇一〇年度は三千万台まで増やすというのである。他方、世界有数のテレビメーカーである韓国のサムスンは〇七年度は約二千万台の販売台数で、〇八年度はさらに上乗せを狙っていた。ソニーが出荷台数を増やせば、サムスンを始めライバルメーカーも同じように大増産に拍車をかけるのは当然である。

かくして、ソニーは高品質・高機能なテレビの開発販売方針から一転、価格で勝負する安売り競争に身を投じるのである。当然、国内市場では断トツのシャープもまた、ソニーを迎え撃つべく大増産に入る。当然、液晶テレビ市場では、各社入り乱れての激しい価格競争になった。

その最中の九月十五日に米国の投資銀行「リーマン・ブラザーズ」が経営破綻し、それを契機に世界規模の金融危機が起きる。いわゆる「リーマン・ショック」は、日本経済も直撃した。日経平均株価は大暴落し、リーマン・ショック前の九月十二日は一万二千二百十四円だった平均株価は十月二十八日には一時的に六千円台まで下落したのである。国内は一挙に不景気の嵐に見舞われる。

米国市場から世界に広がった消費不況によって、大増産をかけたテレビメーカーは大量の在庫を抱え込むことになった。大量在庫のリスクを回避するには、それまで以上の「安売り」に踏み切るしかない。もちろん、それで必ず売れる保証はなかったが、価格で勝負する商品である以上は他に適切な方法が見当たるはずがない。

その結果、売れ筋の三二インチ液晶テレビは前年の平均価格が十四万円前後だったものが、一部の家電量販店では最安値製品として「サンキュッパ」(三万九千八百円)の値付けをされる始末であった。

さらに、米国市場に売り上げの多くを依存していた電機メーカーや自動車メーカーなどは、相次いでリストラや工場の操業一時停止などの措置に入った。ソニーも十二月には、エレクトロニクス事業部門を対象に一万六千人の人員削減を発表している。もはや、社長の中鉢が掲げた「二〇〇八年度二千万台販売達成」の目標は論外であり、取り下げられることになった。

3Dテレビの発売を発表

こうした中鉢らテレビ事業の再建に直接関わった役員たちの「迷走」に対し、業を煮やしたのは会長兼CEOのハワード・ストリンガーである。ストリンガーは翌二〇〇九年二月、社長の中鉢良治を副会長に棚上げするとともに、副社長でテレビを含むAV(音響・映像機器)事業全般の責任者だった井原勝美を子会社の取締役に転出させた。

ストリンガーは社長に就任し会長と兼務するとともに、自ら「四銃士」と名付けた若い経営チームを発足させたのだった。なお、四銃士のひとりには、のちに社長に就任する平井一夫がいた。

要するにストリンガーは、社内外に「テレビ事業の再建」の陣頭指揮を自らが取ると宣言したのである。そして彼は、利益を生む「新しいテレビ」の開発に挑戦する。

その年の九月、ストリンガーは、ドイツ・ベルリンで開催された世界家電見本市「IFA」のプレスコンファレンスで、ソニーが「3D(立体)テレビ」を二〇一〇年から発売すると発表した。

3D映像それ自体は、なにも珍しいものではない。古くは赤と青のセロハンを用いた簡単な眼鏡を利用し、立体映像を楽しんだものだ。3D映画としては、すでに一九二〇年代に米国の映画館で上映されている。

ただ、テレビとしては3D映像は初めてである。その意味では、ストリンガーが「新しいテレビ」としてアピールしたのは、理解できないことはない。それでも、大いなる疑問は残る。たとえば、受像機としてのテレビの開発・販売の歩みは、テレビ放送の開始から始まる。モノクロ放送が始まればモノクロテレビ、カラー放送が始まればカラーテレビ、ハイビジョン放送が始まればハイビジョンテレビ、地デジ放送が始まればデジタルテレビ、という具合である。

しかしストリンガーが3Dテレビの発売を発表した当時、3D放送を予定していたテレビ局は、少なくとも日本の地上波のテレビ局では一局もなかった。コンテンツ(番組)がないのに受像機(3Dテレビ)を発売するというのである。

にもかかわらず、ストリンガーが3Dテレビに固執したのは、液晶テレビの価格が急落するなか、テレビ事業の赤字を解消するには高付加価値なテレビ、それも従来とはまったく違う新しいテレビが不可欠だと判断していたからに他ならない。他社にない高付加価値なテレビであれば、価格競争に晒されることはない。

他方、ハリウッドに象徴される米国の映画産業は、一大ビジネスである。

しかし映画館の経営は、映画料金が安いため楽ではない。だからといって、安易に値上げをすると客離れを起こしかねない。映画料金収入に代わって、確実な利益をもたらしているのは、米国では映画を観る際に欠かせないポップコーンの売り上げである。それゆえ映画館経営は、ポップコーン・ビジネスとも揶揄されるのである。

ただし映画料金を値上げしても観客から不満も声もなく、客離れも起きないケースがないわけではなかった。そのひとつは、立体映像の作品を上映した時である。それゆえ、映画館経営者にとって、エンタテインメントに富んだ３Ｄ作品が配給されることはビジネス上、好ましいことであった。

また、ハリウッドの映画会社にとっても、３Ｄ映画が広く普及することは歓迎すべきことであった。たとえば、サイレント(無声)映画からトーキー(発声)映画へ、モノクロからカラー映像へ変わったとき、観客は飛躍的に増え映画ビジネスは栄えたからである。しかもハリウッドの映画ビジネスは、映画館への配給では終わらない。

米国の大手映画会社は、制作した映画作品を国内の映画館に配給した後はＤＶＤやブルーレイなどのパッケージソフトとして販売(レンタルも含む)し、次に衛星放送や地上波、ＣＡＴＶなどのテレビ局に放映権を販売する。また、米国以外の国々のテレビ局にも同様に放映権を販売する。

つまり、ハリウッドの映画ビジネスは、最初から世界市場を視野に入れて計算されているのである。世界市場での売り上げを前提に映画の制作費用も考慮されるから、巨額な投資も可能になる。

そのハリウッドの映画会社にとって、３Ｄ映画作品をＤＶＤなどのパッケージソフトにして販売するにしろ、世界各国のテレビ局に放映権を与えるにしろ、鑑賞するための受像機が不可欠である。ここで、映画会社とテレビメーカーの思惑は一致するのである。

とくにソニーは、グループ傘下に世界的な映画会社「ソニー・ピクチャーズエンタテインメント(ＳＰＥ)」を抱えており、しかもストリンガーはエンタテインメント部門の責任者を長らく務めてきており、ハリウッドの要望を熟知する立場にあった。

当時のソニーは、3D映画ビジネスに欠かせない映画制作と受像機の開発という二つの部門を抱える唯一の世界的な企業グループであった。会長兼社長のストリンガーは、創業者の盛田昭夫や大賀典雄(元会長)が唱え続けた「ハードとソフトの相乗効果」を実現する絶好のチャンスだと思ったことであろう。

じつは、すでに二〇〇六年二月には、著名な映画監督のジェームズ・キャメロンが3D映画「アバター」を撮影すると発表し、二年後には本格的な撮影を開始していた。そしてストリンガーがIFAで3Dテレビの発売を口にした三カ月後には、全米で公開されることが決まっていたのだ。ストリンガーは、ハリウッドに吹き始めていた「3D映画」の風にいち早く乗ろうとしたのである。

「アバター」は公開直後からデジタル映像が描き出す立体映像の美しさに話題沸騰で、世界各地で大ヒット作品となった。世界興行収入は最終的に二十七億八百八十万ドル(当時のレートで約二千五百十八億円)を稼ぎだし、歴代一位となった。

3Dテレビはなぜ失敗に終わったか

翌二〇〇九年一月、米国・ラスベガスで世界最大の家電見本市「CES」が開催された。ドイツ・ベルリンで開催されるIFAがその年の家電製品の流れをリードするものなら、CESは技術の流れを示すものだと言われている。

そのCESで、〇九年に掲げられたテーマは「3D元年」である。

まさに世界各地で大ヒットを続けていた「アバター」の熱気を、そのままCESの会場にまで持ち込んだかのような盛り上がりだった。

会場では、ソニーやパナソニック（二〇〇八年に松下電器産業から社名変更）、シャープ、東芝など日本メーカーと韓国のサムスンとＬＧが競い合うように自社のブースに３Ｄテレビを展示していた。３Ｄテレビとひとくちに言っても、各社が採用した３Ｄの方式は様々で、たとえば３Ｄ映像を見るには専用の眼鏡が必要なものと、必要としないタイプがあった。後者は、裸眼３Ｄとかグラスレスなどと呼ばれていた。３Ｄテレビの主導権争いは、方式の争いでもあった。

ところで、この争いには勝者はいなかった。

３Ｄテレビは発売当初こそ、メディアや業界関係者等から熱烈な歓迎を受けたものの、一般ユーザーには支持されなかったからだ。３Ｄテレビには正面から視聴しないと十分な立体映像を愉しめないといった致命的な視野角の問題があったし、視聴のたびに専用の眼鏡を着用するのは煩わしいという使い勝手の悪さも災いした。

だが根本的な問題は、メーカーもハリウッドも一般ユーザーのニーズを見誤っていたことである。ユーザーの最大のニーズは、映画館のスクリーンのように大画面でテレビを楽しむこと、つまり「大型テレビ」が欲しかっただけなのである。

テレビで３Ｄ映像を楽しむには、五〇インチ以上の大画面が好ましいと言われる。というのも、小さな画面では立体感が十分に味わえないからである。３Ｄテレビのほとんどが大型テレビであるゆえんだ。その意味では、大型の３Ｄテレビは順調に売れたのである。それゆえ、３Ｄテレビは一般ユーザーに受け入れられたとメーカー側が誤解しても無理はない。しかし家電量販店などのテレビ売り場では、専用の眼鏡を買い求める顧客はきわめてまれで、サービスで提供しても要らないと断られることも少なくなかった。

さらに、「アバター」のような良質な３Ｄコンテンツが圧倒的に不足したことも、ブームの終焉を早めることになった。３Ｄテレビは失敗に終わり、ストリンガーが期待したテレビ事業の赤字解消の起爆剤にはならなかった。

第7章

迷走と試行錯誤（2）

「グーグルTV」構想

ソニー会長兼社長、CEO（最高経営責任者）のハワード・ストリンガーがテレビ事業の赤字解消のため、3Dテレビの次に取り組んだのはテレビとインターネットを繫ぐことであった。いわゆる「インターネットテレビ」の開発である。

二〇一〇年一月、米国・ラスベガスで開催された国際家電見本市「CES」が「3D元年」を宣言し、会場が3Dテレビとその関連機器の発表で盛り上がってから約五カ月後、ストリンガーはサンフランシスコのあるイベント会場に姿を現した。インターネット検索大手の米・グーグルが例年、世界から開発者を迎えて開催する技術関連のイベントに出席するためである。

その年は五月一九日から二日間、基本ソフト「アンドロイド」やウェブ閲覧ソフト「グーグルクローム」、オープンになっているウェブ関連の技術など九十の分科会に五千人以上の開発者が出席して開かれた。そして二十日の基調講演で、グーグルはテレビ番組をインターネットで配信する「グーグルTV」構想を発表したのだった。

グーグルTVとは何か。

具体的には、ソニーがOS（管理ソフト）にグーグルのアンドロイドを採用するとともに、CPU（頭脳にあたる中央演算処理装置）にはインテルのMPU（超小型演算処理装置）を組み込んだ「ソニーインターネットTV」を、その年の秋に米国で発売するというものである。

会場では、ソニーインターネットTVの試作機が持ち込まれ、さっそくデモが始まった。テレビ画面に映し出されたのは、米・プロバスケットリーグ「ＮＢＡ」の試合の模様だった。画面の映像に重ねて表示された半透明のブラウザ(ウェブサイトを見るための閲覧ソフト)にアクセスすると、すぐにチームの成績などが同じ画面に表示された。つまり、テレビとインターネットがシームレスに繋がっていることを、テレビ画面上で実証してみせたのである。

その後、壇上にグーグルＣＥＯのエリック・シュミットとハワード・ストリンガーが姿を現し、記者会見が始まった。さらに二人を囲むようにして、インテルや番組を提供する衛星放送会社「ディッシュ」、販売を受け持つ米・大手家電量販店のベスト・バイなどの経営首脳も同席したのだった。

シュミットは傍のストリンガーに、こう声をかけた。

「ソニーといえば、テレビですね。今日のデモを見る限り、この新しいテレビは多くの人々に受け入れられると思います。非常にエキサイティングなことですね」

それに対し、ストリンガーはこう応じた。

「まったく同感ですね。私もわくわくしています。今秋発売予定の世界初のインターネットテレビは、買った人たちを仰天させると思いますよ」

さらにシュミットは、グーグルとの提携関係をどう考えているのか、今後のことも含め問いかけたのだった。それに対し、ストリンガーは熱い思いを語った。

「私は、グーグルがＨＴＣ(台湾の携帯メーカー)にアンドロイドのプラットフォームを提供して以来、ずっとソニーエリクソン(現・ソニーモバイル)をアンドロイドに繋ぎたいと考えてきました。エリクソンの携帯電話(アンドロイド搭載型)は米国ではまだ発売していませんが、日本ではすでに素晴らしい売れ行きを見せています。アップルを負かすことさえできれば、(ソニーは)優位な立場になれます。ゆえに、両社の提携関係は素晴らしいものです。（テレビだけでなく）他のソニー製品でも続けたいし、さらにその先へ広がることを期待しています。この（ソニーとグーグルの）新しい関係、まったく何も心配もない関係に私たちは目を見張るばかりです」

さらに、ストリンガーの雄弁は続く。

「ソニーインターネットTVは、機能を拡張し進化し続ける革新的な製品です。それゆえに、人々はテレビを楽しむことに積極的になり、かつそのことは促進されます。そうしたことによって、テレビを楽しむ環境は豊かになり、市場が育成されるのです」

ストリンガーの発言から分かるのは、まず何よりもアップルをライバルとして非常に意識していることである。さらにグーグルとの提携を「製品」に限るつもりはなく、さらなる包括的な、そして強固な提携関係に進めることを強く望んでいることである。

とくに「製品」に限定しないというストリンガーの強い意思は、従来のソニーの「もの作り」に変更を迫るものでもある。つまり、「技術のソニー」にこだわらないという意味で、ソニー独自の製品開発よりも他に新たな価値を見出すことに繋がるからだ。そしてこの変更は、のちにソニーの製品開発力を弱めることになる。

グーグルとの提携のメリット、デメリット

ソニーとグーグルが提携したというニュースは、ただちに世界中を駆け巡った。日本では、日本経済新聞が五月二十一日付朝刊の一面トップで取り上げたのを始め、朝日新聞などの他紙もそれに続いて大きく取り上げた。

ソニーとグーグルの提携は、日本のメディアではおおむね好評であった。ソニーのメリットは出遅れていたテレビのインターネット化が提携で加速し、グーグルはインターネットテレビを通じて七〇〇億ドルと言われたテレビ広告市場に参入する足がかりを得たと見られたからだ。

さらに多くのメディアは、この提携によって、ソニーがアップルに対抗する製品開発やその市場への導入をスムーズに行えるようになるのではないかと予測した。つまり、グーグルとの提携を、対アップル戦略の一環として高く評価したのである。

もちろん、グーグルとの提携によるデメリット、リスクも忘れてはならない。

それは何よりも、ソニーインターネットＴＶの心臓部ともいえるＯＳとＣＰＵを他社に委ねたことである。たとえば、パソコン市場はＣＰＵをインテルに、ＯＳをマイクロソフトに支配された「ウィンドウズ・マシン」と呼ばれる製品であふれ、そこでメーカー各社は価格競争を強いられている。製品の差別化が難しいため、薄利でビジネスするしかない仕組みが出来上がっているからだ。

ソニーインターネットＴＶは、まさにパソコン業界、パソコン市場を支配する同じ仕組みの中に踏み出そうとしていた。ソニーが採用したアンドロイドを中心とした「グーグルＴＶ」のプラットフォームは、一年後には希望するすべてのメーカーに対しオープンになる。つまり、どのメーカーもソニーインターネットＴＶと同じ機能の製品を開発・販売することができるようになるのだ。

ソニーインターネットＴＶは、一年後にはパソコン・メーカー各社を悩ます価格競争（安売り）という消耗戦のリスクを抱える。もしそれを承知で、ソニーがあえてグーグルＴＶに参加するというのであるなら、その真意はどこにあるのか。

ソニーの「もの作り」の転換点

米国から戻ったハワード・ストリンガーに改めて、私はグーグルTVに参加する理由を訊ねた。

「今回のグーグルとの提携では、ソニーにとって三つの点で大きな意味があったと思います。一番目は、これまでずっと掲げてきた『ハードとソフト、コンテンツを融合させて、お客様に新しい体験を提供する』というソニーの基本的な事業戦略のひとつを具現化したことです。二番目は、アンドロイドというオープンなプラットフォームを採用し、その上にソニー独自の技術やノウハウを活用したオープンかつユニークなビジネスモデルを展開することです」

そして三番目に彼が挙げたのは、「スピード」であった。

「(グーグルとの)交渉開始から一年少々という短期間で、ソニーインターネットTVの開発、そして発表まで実現したことです。それまでのソニーでは、優れたアイデアが社内にあっても会社として意思決定から実現するまでの時間がかかりすぎて、その間に競争相手に先を越されてしまうことがしばしばありました」

要するに、ストリンガーはグーグルとの交渉過程を含めデメリット以上のメリットがソニーにもたらされる、と判断したのである。

最後に、ストリンガーは私とのインタビューをこう締めくくった。

「ソニーは引き続き技術力を磨き、強いハードウェア(製品)を作っていくことにコミットします。そして強いハードウェアの基盤の上で、今回のような新しいビジネスモデルに挑戦し、お客様がわくわくするような商品・サービスを提供します」

しかしストリンガーが言う「強いハードウェア」は、正確に言えば、それまで私たちがソニーに期待してきた製品そのもの「強さ」と同じ意味ではない。ストリンガーのサンフランシスコでの記者会見やインタビューでの発言を見れば、あくまでも彼は「強いハードウェア」の上に築かれる「商品やサービス」に新しい価値、大きな利益を期待していることが分かる。

前年の一月に、米国のラスベガスで開催された国際家電見本市・ＣＥＳで基調講演を行ったさい、ストリンガーはソニーの目指すべきビジネスをこう説明している。

「消費者は、どこのメーカーの製品であっても同じサービスが受けられる、つまり互換性があることを期待しています。ですから、私たちはオープンテクノロジー(標準規格)を支持します。消費者は、製品の価値をネットワーク上のサービスとコンテンツによるユーザー体験のクオリティに基づいて評価します」

オープンテクノロジーとは、誰にでも製品が作れるようにすることである。

つまり、「技術のソニー」と自他共に認めてきた独自技術による画期的な製品開発などは、これからのソニーには必要ないと、ストリンガーは言うのだ。あくまでも価値のあるのはコンテンツとネットワークによるサービスであって、いまやテレビを始め家電製品は「端末」に過ぎないというわけである。

極論するなら、ストリンガーが求める「強いハードウェア」は何もソニー製の「端末」である必要はない、ことになる。だからこそ、ストリンガーはソニーインターネットＴＶ発売から一年後には、グーグルがアンドロイドを他社にも開放する、つまりオープンにすることに異を唱えなかったし、リスクだとも考えていなかったのであろう。

私は、この時がソニーの「もの作り」の大きな転換点だったと思っている。その後、ストリンガー時代のソニーの「もの作り」は、大きな変化を見せていくことになる。

ソニーインターネットTVはなぜ失敗したのか

ところで、ストリンガーが目指した新しいテレビ「ソニーインターネットTV」は、多くの消費者を「仰天させる」とともに「市場を育成」することができたであろうか。結論から先にいえば、3Dテレビ同様、一般ユーザーはソニーインターネットTVに「わくわく」させられることはなかったし、市場が立ち上がることもなかった。

その理由として、インターネットテレビ普及のためには欠かせないインフラが十分に整っていなかったことなどが挙げられるだろうが、私はとくにソニーインターネットTVが「家電製品」になっていなかったことを指摘したい。

どんな製品であれ、新しい技術に基づいて開発された製品は当初、限られた人たち、たとえばプロと呼ばれる専門家などに使われる。あるいは、業務用として利用される。というのも、価格が高いことや取り扱いが難しいからである。しかしその後、技術改良が進むとともに製品は廉価で使いやすいものになって、多くの一般消費者から求められるようになる。つまり、製品が家庭の中に入っていくのである。

こうした現象を製品のコモディティ(日用品)化と呼んでいる。いわゆる専門家が使う業務用機器から家電製品になるのだ。コモディティの最大の特徴は、使いやすいことである。操作が簡単で、誰もが容易に使えることである。

それに対し、ソニーインターネットTVはインターネットとテレビをシームレスに繋いだ優れた製品かも知れないが、操作が簡単な製品だとは言えなかった。たとえば、ソニーインターネットＴＶではテレビ画面にインターネットから情報を引き出そうとすれば、いったん画面から目を離し、手元の専用キーボードで操作しなければならなかった。画面を見ながら、リモコンひとつで誰もが容易に操作できるインターネットテレビには、まだ程遠かったのである。

それゆえ私は、ソニーインターネットＴＶがまだ「家電製品」になっていない以上、一般消費者に受け入れられるとは思えなかったし、その市場が立ち上がるにはまだ時期尚早ではないかと思ったのである。

しかも日本人は、ＮＨＫを始め地上波の番組を世界で一番よく見る国民だと言われていたように、インターネットで番組を見たり情報を引き出したりするニーズが十分にあるとも思えなかった。

ストリンガー時代のソニーは、３Ｄテレビとソニーインターネットという二つの新しいテレビに挑戦したものの、いずれも当初の思惑通りには進まなかった。一般消費者に受け入れられない商品は、いずれ市場からその姿を消すしかない。ソニーの３ＤテレビもインターネットＴＶも、やがて忘れられていった。

しかしストリンガーが示したハードよりもコンテンツやサービスに重きを置いた「もの作り」の方向性は、ソニーの開発現場に色濃く残ることになった。それが端的に表れたのは、テレビの開発現場である。

画質よりもデザインを優先

ビデオ畑出身の吉川孝雄が液晶テレビ事業の責任者として、赤字のテレビ部門の立て直しに入ったのは二〇〇七年四月である。まったくの畑違いの異動に対し、当の吉川自身は「テレビ事業は赤字でしたから、従来の文化とは違う異文化を(経営首脳は)入れてみたかったのではないでしょうか」と、当時を回想する。

さらに、就任早々の驚きをこう語る。

「テレビ事業部に来て一番驚いたのは、商品の発売時期が全世界でバラバラだったことです。たとえば、日本で最初に発売された機種と同じ製品が、中国では半年以上も後から発売されていました。その原因のひとつは、テレビが現地生産されていたことです。(世界各地の)現地に商品設計部隊がいて、そこが個々にテレビを作っていたわけです。その地域だけを見ている分には良いのですが、ワールドワイドにテレビ事業を見た場合、バラバラの開発になっていたのです。それに各地で設計し製造していたら、それなりの人員を現地で抱えなければなりませんのでコストもかかります。現時点(二〇一〇年当時)では、商品設計を東京の一カ所で行っていますので、現地での『もの作り』の要員はゼロになりました」

ここにも、コスト・カッターの異名をとるソニーCEO、ストリンガーの意向を十二分に汲み取った吉川の姿勢がよく表れている。コストカットありきで始まる改革が、テレビ事業全体を覆っていたのである。

しかし市場への商品導入を最適な時期に合わせることができたとしても、そもそも商品力がなければ、その製品は売れない。

肝心の商品力の強化に関しては、吉川は改めてこう強調する。

「単純に誰かを追いかけるのではなく、我々が持てる技術の中で、どうやって差異を出せる商品を作るかというところを手がけました」

　では、彼の言う「差異化」とは何か。

「一番の差異化は、アプリケーションです。ソフトウェアを含め、コンテンツも含んだものです。いまのテレビの中のＬＳＩ(大規模集積回路)は非常に高度なものになっていますので、ソフトウェアをアドオン(拡張機能の追加)するだけで、商品の機能はどんどん変えられます。昔は回路を変えないと機能は変えられなかったのですが、いまはソフトウェアだけで機能を変えられる時代になっています。そこさえ押さえておけば、我々は商品の付加価値を上げることができます」

　吉川は、ＬＳＩの開発が進み、それまで回路を変えなければできなかった「画作り」が、いまではソフトウェアで可能になったというのである。

　他方、吉川はコストカットでもストリンガーの期待に応える。

　コストがもっとも嵩んでいた部品類を本社で一括購入することで単価の切り下げに乗り出すとともに、部品の共通化などで使用する部品点数を劇的に減らしたのである。たとえば、ハイエンド(最高機種)のテレビには約四千の部品が使われていたが、それを一千点にまで減らしたのだ。

　吉川はテレビ事業の責任者として、それまでの開発を含めたオペレーションを完全に一掃し、まったく新しいやり方を導入したのである。そして吉川は、二〇一〇年の液晶テレビ「ＢＲＡＶＩＡ(ブラビア)」のモデルから差異化の視点を大きく変えたのだった。

「数年前までは、ソニーが差異化に力を入れていたのは、画質や音質だったわけです。ところが最近では、お客様の液晶テレビに対する視点(評価)が、まず自分が欲しくなるようなコスメティックデザイン(外装)になっているか、という点にあるように強く感じられるようになりました。そこで今回は、前面にガラスを貼った、私たちがモノシリックデザインと呼んでいるものにしました。お客様が見たとき、リビングに置きたくなるようなデザインです。いままでは社内のエンジニアを中心とした自分たちの価値観、つまり画質向上に視点を置いて商品開発をしていたわけです。それで今回は商品設計にあたって、もう一度、お客様の視点に戻ってスタートしたということです」

このような吉川の決断の背景には、世界各地で一般消費者を対象にした無作為アンケートの結果があった。各地で数千人から一万人規模で行われた調査によれば、液晶テレビの購入の際に一番重視する、つまり購入動機になるのは画質ではなくデザインと答えた人が一番多かったのだという。

ソニーの企業カルチャーの変質

それにしても、「技術のソニー」と自他共に認めるソニーが、テレビメーカーとして製品の差異化を画質ではなくデザインに求めたことに驚くとともに、私はソニーの企業カルチャーの変質を感じずにはいられなかった。

そもそも受像機としてのテレビは、カメラが撮った映像を再現する際に現物(リアル)に可能な限り近づける、つまり画質の向上を目指して進化してきた製品である。白黒テレビからカラーテレビへ、標準(SD)放送はハイビジョン(HD)放送へ、アナログ放送がデジタル放送へと切り替わってきたのも、ひとえにテレビ画面の高画質化・高精細化のためである。

そしてその先頭を走ってきたのが、ソニーだったはずである。

ブラウン管テレビの時代、他社がシャドーマスク式を採用していくなか、創業者の井深大はその画質が気に入らなかった。もっと高画質で明るい映像が実現できないかと探し求め、技術的な難易度が高いクロマトロン式に辿り着く。そこからさらに、シャドーマスク式よりも画面が明るく高画質なトリニトロンと名付けたブラウン管の開発に突き進み、難産のすえ「トリニトロンカラーテレビ」を誕生させた。そしてこのトリニトロンカラーテレビは、さらに進化しHD対応の平面ブラウン管テレビ「WEGA」シリーズの大ヒットに繋がる。

その意味では、ソニーのテレビ開発は、絶え間ない高画質の追求の歩みだったと言っても過言ではない。しかしそのソニーが、なぜか「画質」よりも「デザイン」を優先させるテレビメーカーになったのである。

このようなソニーの「変化」に対し、日本画質学会副会長でデジタルメディア評論家の麻倉怜士は、こんな見方をした。

「ソニーでは、テレビ文化が希薄になってきているのではないでしょうか。経営陣は、テレビとパソコンを同じように見ているようです。しかしパソコンのような水平分業では、絶対に画質の良いテレビは生まれません。ストリンガーを始めとする経営陣は、テレビの商品力・差別化を画質に求めるのではなくサービスやコンテンツに求めているわけですから、おのずとテレビも誰もが作れる標準的なもの、つまり画質もそこそこでいいという考えになるのでしょう」

つまり、吉川の画質の向上は回路ではなくソフトで可能になったという主張も、そこそこの画質でいいという前提ならではのことなのである。逆に他社を圧倒する高画質の映像を実現させたいと思うなら、ソフトだけでなく高度な画像処理技術や画質技術などが欠かせないし、それらのさらなる技術開発も当然重要になってくる。

「新しいもの作り」の失敗

それでもストリンガーの目指す「新しいもの作り」が「ソニー復活」への成果をもたらしているなら、大いに評価されるべきである。しかし3DテレビもインターネットTVも一般消費者から受け入れられなかったし、吉川の画質よりもデザイン優先のテレビ作りも功を奏していない。

ソニーは、ストリンガー・中鉢体制下で掲げられた「エレキの復活なくしてソニーの復活なし」「テレビの復活なくしてエレキの復活なし」のもと、ハイエンド機種の開発を諦めボリュームゾーンのテレビ・ビジネスへと軸足を移した。さらに会長兼社長に就任したストリンガーの時代には「製品の価値」はネットワーク上のサービスとコンテンツによって決まるという経営トップの考えに従い、標準的な製品開発に方向転換した。しかしこれらの施策によって、テレビ事業の赤字体質は改善されるどころか、累積赤字は溜まる一方であった。

ソニーは当時、テレビ事業の累積赤字を公表していなかったが、二〇一〇年三月期時点で、五千億円をはるかに超える金額に達していると見られていた。

アップルをライバル視し、強く意識していたストリンガー時代、液晶テレビ以外にも次々と新製品を開発し、対抗商品として市場へ送り出している。たとえば、「iPod（アイポッド）」に対してはウォークマンAシリーズ、スマートフォンの「iPhone（アイフォーン）」には「Xperia（エクスペリア）」、タブレットでは「iPad（アイパッド）」に「ソニータブレット（後にXperiaブランドに変更）」という具合である。

しかしいずれの製品も、アップルの対抗商品としての存在感は希薄である。

ウォークマンは日本国内と英国の一部にしか市場を持てずにいるし、エクスペリアはNTTドコモが韓国のサムスンの「ギャラクシー」とともに「ツートップ戦略」と銘打って販売に力を入れた際は他の国産スマホに対し圧倒的な強さを誇ったものの、ＮＴＴドコモがアイフォーンの取り扱いを始めるとその勢いも急速に失い、国内市場でも売れ行きは減少傾向にある。海外市場ではシェアは一パーセント程度で存在感はまったくない。ソニータブレットは発売当初から苦戦し、挽回することはなかった。

率直にいえば、アップルの対抗商品としては全敗しているのだ。

「フォロワー」の限界

製品(商品)には、三種類しかないと言われる。

ひとつは「ルールメイク」したものである。

つまり、初めて市場に登場した商品である。ソニーで言えば、「ソニースピリット」を体現した、「人真似はしない」「他人のできないことをする」を実現した製品である。たとえば、室内で聴くステレオセットの音質に引けを取らない高音質の音楽を外でも楽しめるようにした携帯音楽プレーヤー「ウォークマン」(カセット式)であり、映画のスクリーン同様の平面の画面と高画質の映像を実現した平面ブラウン管テレビ「ＷＥＧＡ(ベガ)」などである。これらはコンセプトを決め、そしてトレンドを作り、市場を立ちあげた商品である。それゆえ、ヒット商品が生まれる。

二つ目は「ルールブレイク」した製品である。

すでに市場にはルールメイクした商品があり、その商品が決めたルールをブレイク(否定)し、新しいコンセプトを打ち出し、それをトレンドにして新しい市場を立ちあげた商品である。ソニーでは、

VAIO（バイオ）パソコンがそれにあたる。

そもそもパソコンを始めコンピュータは「情報処理（データプロセッションング）」の機械として発展してきた。それに対し、コンピュータはそれだけに止まる機械ではないとして、ソニーが提示したのが映画（動画）や音楽などエンタテインメントを楽しむ機械、つまり「画像処理」の機械としてのパソコン、つまりVAIOシリーズである。

これによって、パソコンはビジネス用途から一挙に家庭内に入っていき、若い女性や子供までも楽しめるエンタテインメントマシンとして新しい市場が立ち上がるのである。VAIOは新しいユーザーを開拓し、パソコン市場の裾野を広げたのだ。

三番目は「フォロワー」の製品である。

ルールメイクした製品が市場を立ちあげ、それが拡大しつつあるのを見て他社が作る同種の製品である。巷間いわれる「二番手商法」のことだ。柳の下の二匹目か三匹目かのドジョウを狙った製品作りだが、誰もが成功するわけではない。成功するには、歩留まり良く量産する優れた生産技術と、製品を大量に販売する強力な販売網を持っていることが決めてとなる。

その代表的なメーカーが、松下電器産業（現、パナソニック）である。松下電器は、しばしば「マネシタ電器」と揶揄されてきたが、創業者・松下幸之助の「水道哲学」に基づいて「廉価で品質の良い」製品を全国津々浦々の一般消費者に届けるため、量産技術を磨き、一時は五万店舗という系列小売り店を抱える強力な販売網を誇ったほどで、そのため「販売の松下」と畏怖されたものである。松下クラスの販売力を持つなら、二番手商法もある程度は有効なのだ。それゆえ、松下が「家電の王者」の名をほしいままにしたことは、記憶に新しい。

しかしソニーは、どうであろうか。

アップルに惨敗した対抗商品は、いずれも「フォロワー」の製品である。先行するアイポッドなどアップルの各製品を後追いしたものばかりである。しかもソニー製品は標準的なものでいいという考えから製造を海外のメーカーに委託する「水平分業」に傾斜していたため、量産化技術の向上は相手次第という有り様だし、販売力もソニーショップなど系列小売り店は一千店舗以下(当時)で「販売の松下」の足元にも及ばない。

製品の差別化が進み、アップル以上の商品力があれば、頼みの家電量販店も販売に力を入れてくるかも知れないが、フォロワーの製品である以上は特別扱いは期待できない。というのも、デジタル時代は製品のライフサイクルが短いからである。たとえば、パソコンは三カ月に一度の割合で新製品を発売しなければならない。アナログ時代のように年に一度とか二〜三年に一度といった時間的な余裕はない。

しかも変化の激しい現代にあって、企業が生き残るためには「変化」への敏速な対応が求められている。しかしフォロワーの製品である限り、どうしても先行する製品の動向を見きわめてからの対応になる。つまり、変化への対応は先行する相手次第、相手の変化の対応に委ねるしかないのだ。その意味では、デジタル時代とは、先行する製品(ないし企業)が利益を優先的に確保できる時代と言えるかも知れない。

アップルを強く意識するストリンガーだったが、ソニー製品があくまでもアップルの対抗製品に止まる限り、フォロワーである限り、先行するアップル製品に迫ることはできたとしても、追いつくことも追い抜くこともきわめて難しいと言わざるを得ない。

そのような環境下では、国内販売を担当するソニーマーケティング（ＳＭＯＪ）がどのような販売政策を採ろうとも、フォロワーの製品を、つまり商品力の弱い製品をヒットさせ、最終的な成功に導くことにはそもそも限界があったのである。

「コンテンツとネットワーク・サービス」の限界

製品が売れない原因は、三つだと言われる。

まず値段が高すぎること、次にクオリティが低いこと、そして残りのひとつは値段が高い上にクオリティが低いことである。ソニーが打ち出したアップルの対抗製品が売れなかった理由は、以上の三つのどれかであろう。

いずれにしても「技術のソニー」としてライフスタイルを変える画期的な製品開発を目指し、そしてそこに活路を見出してきた企業が、ハイエンドの機種ではなく標準的な製品で十分だという新しい経営トップの方向転換によって、エレクトロニクス事業の再建どころか自分を見失い、迷路から抜け出せないでいたのは確かである。

それでも、ストリンガーが主張したように「ハード(製品)」は端末に過ぎず、価値があるのはコンテンツとネットワーク・サービスであるというなら、エレクトロニクス事業の不振をそれらが補って余りあれば、それはそれで別の意味でソニーの再建には繋がる。しかしエレクトロニクス事業の売上高は当時、約五兆円から六兆円。それに対し、コンテンツとネットワーク・サービス事業は約一兆五千億円、うまくいったとしても二兆円が限界だと見られていた。

この数字では連結売上高約八兆円のソニーのコア事業のひとつになれたとしても、エレクトロニクス事業に代わって、ソニーの屋台骨を支えるには不十分である。ソニーの再建にはエレクトロニクス事業の再建が大前提になるゆえんである。

経営の迷走とSMOJ

ハワード・ストリンガーが社長を兼務し、自らが「四銃士」と名付けた若い経営チームを立ちあげたのは二〇〇八年である。ストリンガーは会長兼社長およびCEOに就任し、ソニーの権力の頂点に立った。そして自らエレクトロニクス事業の再建、テレビ事業の再建に乗り出す。

しかしストリンガーと四銃士を中心としたソニーの経営体制は、すぐに躓くことになる。新経営体制の一年目、二〇〇八年度(二〇〇九年三月期)の連結業績は売上高七兆七千三百億円(前年度八兆八千七百十四億円)で、前年比約一兆円の減収である。営業利益は二千二百七十八億円、最終利益(当期純利益)は九百八十九億円でともに赤字に転落している。分野別に見ても、エレクトロニクス事業は減収で営業利益は一千六百八十一億円の赤字である。

以後、ストリンガーが二〇一二年に退任するまで最終利益は赤字を続け、売上高は約二兆円も減らすことになる。当然、テレビ事業の赤字体質は改善されることなく累積赤字は八千億円にまでふくらむ。そしてストリンガーが期待したコンテンツとネットワークビジネスは、売上高二兆円を達成することはなかった。

ストリンガーは、自らの手でテレビ事業再建のため、従来のやり方にとらわれない様々な取り組みに挑戦したものの、いずれも成功には至らなかった。ネットワーク時代になれば、コンテンツとサービス事業が重要な事業になると考えたこと自体は決して間違いではない。しかし問題は、そのことがエレクトロニクス・メーカーとして生き残るための方策に結び付かなかったことである。もちろん、エレクトロニクス事業を売却して、コンテンツとネットワークサービス事業を専業とする企業、つまりエンタテインメント企業に衣替えするという選択もあったであろう。

ストリンガーが率いる経営チームは、ソニーをどのような企業にしたいと思っていたのか、あるいは目指すべき企業像を描き出せていたのかという疑問が私にはある。ビジョンがないから、迷走するしかなかったのではないか。

そして経営チームの迷走は、当然、社内に大きな波紋を生みだすことになる。その影響は国内の販売を受け持つソニーマーケティングにも及び、低迷と混乱が持ち込まれた。いわば、その存在意義が問われたのである。

第8章

「同格」への大きな試練

ストリンガーの販売改革

会長兼CEOのハワード・ストリンガーが社長を兼務し、自らエレクトロニクス事業の再建に乗り出したのは、二〇〇八年である。同時に、ストリンガーが販売部門の強化・改革にも着手していたことは、あまり知られていない。

ストリンガーの販売改革は、全体最適と個別最適を同時に目指すものであった。

たとえば、全体最適としては二〇〇九年十月にソニーの販売体制を世界レベルで見直す横断組織「グローバルセールス&マーケティングプラットフォーム」を設立している。なお「グローバルセールス」は販売・営業のみならずそれに関連するすべて、つまり世界の販売会社や広告宣伝、ブランド、CES(米国の国際家電見本市)などのイベントを統括する組織だった。

その責任者に就任したのは、業務執行役員SVP(常務に相当)の鹿野清である。

前述したように、鹿野はソニーマーケティング(SMOJ)時代、すべてのAV(音響・映像機器)製品の販売責任者を務め、出遅れていた薄型テレビ分野に本格参入するため立ちあげた液晶テレビ「BRAVIA(ブラビア)」の販売責任者も務めている。

BRAVIAブランドの認知度を高め、さらにブラビアの商品ラインナップも揃えた二〇〇七年、鹿野清はソニー本社に呼び戻され、グローバルマーケティング部門長に就任していた。ありていにいえば、本社の戦略部門のスタッフになったのである。

その時代、鹿野は海外の販売会社など世界の販売の前線を歩くうち、あることに気づいたという。

そしてそのことが、彼に「グローバルセールス」の責任者を引き受けさせることになったようだ。

まず鹿野の目に止まったのは、各国の販売会社が販売戦略から広告宣伝、SONYブランドのメッセージ発信も独自に行っていた現実である。つまり、ソニー全体から世界市場を見ると、いずれもがバラバラに展開されていたのである。

というのも、ソニー創業者の盛田昭夫が掲げた「グローバルローカライゼーション」（世界的な視点でソニーを現地化していくという考え）のもと、エレクトロニクス事業を世界各地で展開していたからである。盛田によれば、グローバルローカライゼーションとは「各々のマーケットとニーズに適した、しかも技術とコンセプトは共通した考えであること」である。具体的には、市場のニーズに応じた製品の企画や製造、販売などをその市場の近くで行うことである。

しかしその半面、世界各地の販売会社の中には「現地化」が行き過ぎて、いわば「独立王国」化してしまったところもあった。そのため販売会社のトップは、自社の売り上げと利益を挙げることだけに腐心し、ソニーグループ全体（全体最適）への視点は希薄になってしまい、極論するなら「グループ意識」さえあるのか疑わしい始末であった。

当時を回想して、鹿野は反省の弁を語る。

「ソニーは海外に進出するさい、東京本社が持っていた商品戦略やマーケティングといった営業機能をどんどん現地化していったわけです。その結果、気がつくと、東京が空っぽになっていた。これでは、ソニーの戦略がグローバルに通らないので、何とかしなければと（本社が）イニシアティブを取りながら始めたわけです。ソニーの直営店も世界で約二百店舗ありますが、同じように各地でバラバラにやっていました。そこで、ソニーのトータルな強み、グローバルな強みをひとつ出さなければいけないなと思いました」

さらに、反省の弁は続く。

「自己反省ですが、現地に任せすぎたためSONYブランドのイメージはバラバラになってしまい、結果的にSONYブランドの価値を食いつぶしていたんだと思います。SMOJ時代の私もそうでしたが、どうしても売りたい商品のブランド、たとえばBRAVIAとかVAIOなどに対する投資が集中してしまいます。それまでの私は、商品ブランドに投資すればその商品が売れて、おのずとSONYブランドの価値も上がると思っていたんです。だけども、現実にはそうならなかった。だから、SONYブランドにもう一度投資しなければと思いました」

そうした反省を踏まえ、新しい横断組織「グローバルセールス」の強みは、東京から現地(現場)までの指揮命令系統が一本化、ワンマネジメントになったこと、つまり素早い決断ができるようになったことだと鹿野は言う。

「(ソニーは)組織がデカくなってスピードが遅い。日本にいると分かりにくいですが、海外に出るとソニーのライバルは韓国勢で、韓国メーカーに付いていけなくなっていたんです。たとえば、本来のマーケティングでも、遅いのはレイヤー(組織の階層)が多すぎたことです。東京(本社)から世界各地の拠点へ、その拠点から現地の販売会社へ、さらに現場へと、まるで伝言ゲームのような状態が発生してしまっていました」

直営店の強化

個別最適では、ストリンガーは販売の直営店の強化を打ち出した。

アップルを強く意識するストリンガーにとって、事実上の「製造小売業」として高収益企業へ成長したライバルに対抗するには、製品だけでなくアップルストアのような直営小売店の強化もソニーには不可欠だと判断していたのである。

その理由を、こう語る。

「二〇〇九年のクリスマスから(翌一〇年の)一月にかけての商戦で、カナダでのテレビの売り上げナンバーワンは我が社(ソニー)でした。というのも、カナダにおけるソニーのブランド力が非常に強いからです。その最大の理由のひとつは、(販売の)直営店がたくさんあることです。現在(二〇一〇年時点)、約四十店舗あります」

さらに、ストリンガーは言葉を継いだ。

「一九九七年当時、私はソニー米国の社長を務めるとともに、ソニーカナダ(現地販売会社)の会長兼CEOを兼務していました。その時に初めて、ソニーの小売りの歴史を学びました。カナダで小売りがうまくいっていたのは、(創業者の)盛田昭夫さんが現地のリテール(小売り)のプロを雇い、将来の直営店(ソニーストア)の基礎を敷かれていたからでした。カナダの直営店はたんにソニー製品を売るだけでなく、その使い方や楽しみ方をユーザーに伝えるとともに、アフターケアを含め細やかなサービスを展開していました。そのことが、カナダのユーザーからSONYに対する信用と信頼感を得ることにつながったのです」

しかしそのカナダ時代、ストリンガーはソニー本社の役員から直営店の閉鎖を命じられる。二〇〇三年の「ソニーショック」後のことである。

その命令に反対した当時のことを、ストリンガーはこう回想する。

「直営店は大した利益も出ないし労働集約的なビジネスで人手がかかりすぎるので、コストカットするならまず直営店を閉めるべきだという議論がソニー本社でわき起こりました。しかし私は、ブランド価値を守るという意味で(直営店の閉鎖は)死活問題だと訴えました。ソニーで初めて大議論に加わることになったのですが、私は役員の命令に対し『直営店は閉鎖をしない』と言いました」

その時の決断が、ストリンガーはカナダでのSONYブランドの強さと販売力の向上に繋がっているというのである。

ただ、ストリンガーが自慢する当時の「直営店」は、国内で現在私たちが目にする「ソニーストア」とは同じものではない。直営店と言っても、その経営は現地の販売会社に任されていたため、たとえばカナダと米国では店構えから販売方法までまったく違った。いや最大の違いは、何よりも直営店に対する考え、理解が異なっていたことである。

そのため、ソニーグループとして直営店戦略を展開したくとも、効果的な取り組みを難しくしていた。ウォークマンなどソニーの音響機器とグループ企業のソニー・ミュージック(SME)発売の音楽パッケージソフト(CDなど)を一緒に販売することは難しかった。また同様に、ブルーレイレコーダーのような映像機器とソニー・ピクチャーズ(SPE)発売の映画ソフト(DVD、ブルーレイディスクなど)を一緒に販売することは容易なことではなかった。そもそも販売ルートがそれぞれ違っていたからだ。

しかしストリンガーの狙いは、直営店をソニーグループ全体の利益に貢献する「場」にすることであった。つまり、個別最適を全体最適に高めることである。そうしたストリンガーの思いがソニーの全世界の販売改革へと向かい、横断組織「グローバルセールス&マーケティングプラットフォーム」

の設立に至ったのである。

鹿野清の販売改革

ストリンガーの目的意識を受けて、グローバルセールスの責任者に就任した鹿野清は、その実現のために必要ないくつかの方策を採る。

「(SONYブランドと販売力の強化には)まずは、現地の強化だと思いました。その前に、私の足元の強化が欠かせませんでした。そこで、直営店を担当するリテール部隊と、メッセージを作ると同時に広告宣伝機能を持つマーケティング・コミュニケーション部隊、そしてエマージング・マーケット(中国やインドなどの新興国市場)を担当する部隊を立ちあげました。この三つの組織を、私の足元において強化しました」

横断組織・グローバルセールスが世界の販売会社や広告宣伝、ブランド、CESなどの重要なイベントを統括することになったゆえんである。

鹿野は、リテール部隊の責任者に相応しいと判断した人材を外部に求め、自らスカウトした。その人物とは、全米最大のアパレル(衣料品)の製造小売業者「GAP(ギャップ)」の幹部だったジーナ・フリーマンである。小売りの専門家として迎えられたフリーマンには、GAP時代にCEO室で仕事に携わっていたとき、アップルストアの立ちあげに直接関与した経験があった。

その頃のことを、フリーマンはこう回想する。

「アップルのスティーブ・ジョブズは、GAPの社外取締役を務めていた時に私たちと一緒にリテールに対する理解を深めるとともに、いかに理想とする直営店を実現するかを学びました。ですから、アップルストアはGAPでの経験やノウハウが活かされていると思いますし、GAPのメンバーでアップルに移った人もいます」

さらに、自分に対するソニーの期待については、こう語った。

「ソニーから最初に言われたのは、直営店のビジネスを将来的には現在と違った形で展開したいということでした。それによって、ソニー全体で起きている変革の中でお客様との新しい交流の機会に繋がるのではないか、という考えでした。私のバックグラウンドはエレクトロニクス分野ではありませんが、ブランドを取り上げ、そのポテンシャルを活かすことでお客様とのエキサイティングな繋がりをもたらす――それが私の専門ですから、ソニーでも可能だと考えています」

他方、鹿野はブランドや広告宣伝の責任者にはSMOJの広告宣伝部門長だった河内聡一を抜擢した。その河内は抱負をこう語った。

「それまでのソニーの宣伝は『どうだ!』という感じが強かったのですが、それよりも『あなたには、こうだよ』と気づかせるほうが大事だと思っています。ですから、社内ではメッセージとは伝えることではなく、伝わることが大切だと言っています。伝えたいメッセージが『伝わる』ためには、メッセンジャーを活用することだと思いました。その最初の挑戦が液晶テレビのブラビアで、ロック歌手の矢沢永吉さんを登用したことです」

さらにブランド戦略では、熱弁を振るう。

「それまでのソニーでは、SONYブランドと商品ブランドの主従関係をクリアにしていなかった時期があったと思うのです。だから、いまは商品カタログを見てもらうと分かるのですが、まず『SONY』(のロゴマーク)があって商品ブランドが続く形にしてあります。これは、主従関係をはっきりさせようとするものです」

鹿野が採った方策から分かるのは、売り上げを伸ばすにはブランド力と商品力の一体化及びそれらの向上が欠かせないと判断していることだ。

では、ブランド(力)とは何か。

それは、クオリティとメッセージによって担保されるものである。たとえば、エルメスやグッチなどの商品が「ブランド品」たるゆえんは、高品質なのは当然であるが、それらを購入者が身に着けることでいかに彼らの価値を高めるかというメッセージを発し続けているからである。季節の変わり目やその年の流行を決定づけるタイミングで、新しいファッション商品を発表・発売すると同時に、効果的な広告宣伝を打つことで商品のメッセージを顧客に伝えようとしているのは、その象徴である。

鹿野は足元を固める一方、世界各地に展開するソニーの販売会社の再編に手を着けていた。販売子会社四十六社を二十六社に絞り込むことで、つまり販売体制をスリム化することで東京からのワンマネジメントを強化する狙いである。そのため鹿野は、各地の販売会社社長と面談を行い、販売改革の理解を求めた。

鹿野が手がけた一連の販売体制の改革は、いわば「局地戦から全面戦争へ」の展開ともいえるものだ。発売時期も広告宣伝もブランド戦略も各地の販売会社が自己判断で「自由に」行っていたため、ソニーの総合力が十分に発揮されてこなかったという反省に基づいたものである。

ある製品は日本では売れたが、他の国や地域ではダメだったという局地戦の勝利に甘んじることなく、市場を「ひとつ」と考え、発売時期を含めグローバルに展開する(全面戦争)ことによって、確かな売り上げと利益の確保を狙ったのである。

ストリンガーの不満

ストリンガーの指示のもと、鹿野が展開する販売改革は、いわゆる「上からの改革」である。めざす販売体制の改革の成否は、世界各地の販売会社のトップや幹部がその意図を十分に理解し、自ら進んで取り組むことができるかにかかっている。あるいは、本社と現場が問題意識を共有し、両者納得のうえで臨まないと成功は覚束ない。

こうした上意下達の強行策を、ストリンガーが採らざるを得なかった理由がいまひとつ私には得心できなかった。なぜ、それほど焦るのか――。

ソニー会長兼CEOに就任した当初は、社長の中鉢良治がエレクトロニクス事業を担当し、ストリンガーはエンタテインメント事業を中心とした他の事業全体を掌握していた。そのためストリンガーは、不振のエレクトロニクス事業の再建の進み具合を、節目節目で中鉢を始めエレクトロニクス事業に従事する経営幹部に訊ねるしかなかった。ところが、肝心の幹部たちは「来期は大丈夫です」などと決まって調子のいい返事をするものの、結果はいつも逆でストリンガーを落胆させた。

その繰り返しから、ストリンガーは「彼ら(中鉢ら幹部)の言葉を信じたのに、三年も騙された」と不信感を募らせたことが、社長兼務と新しい経営チームの結成に繋がっていたのである。同時にストリンガーの不満は、販売部門にも向けられていた。

アップルを強く意識するストリンガーは、自分の経験からアップルストアのような直営小売店をソニーも国内に持つべきだし、強化すべきだと考えていた。エレクトロニクス事業の再建には、販売力の強化は欠かせないからだ。

しかしストリンガーが考える国内の直営小売店の積極的な展開に対し、ＳＭＯＪの経営陣の反応は鈍かった。ストリンガーが直営小売店の展開を打診しても、ＳＭＯＪの経営陣は「検討してみます」と一応は前向きな姿勢を見せるものの、しばらくすると「やはり、いろいろ支障があって日本では無理です」という結論を持ってきた。

その繰り返しで、ストリンガーはＳＭＯＪの経営陣に強いストレスを感じていた。

その頃のことを、ストリンガーはこう回想する。

「ソニーはアメリカにも直営小売店はありました。ただ日本国内と同様に、大型家電量販店の意向を気にしすぎていました。家電量販店でソニー製品が品薄になると直営小売店から持っていく始末でした。こうした問題の改善のために、私はアメリカで一戦交えなければならなかったのですが、当時の私には戦わなければならない問題が多すぎて、どうしても後回しになってしまいました。日本で直営小売店の展開を言い出したのは、この二年来（二〇〇八年頃から）のことですが、（私が）すぐに実行に移すには難しい状況にありました」

ソニー本社から、経営トップのストリンガーから見れば、ＳＭＯＪの経営陣に対する不満やソニーの厳しい経営環境はその通りであろう。しかしＳＭＯＪの立場からでは、少し違った風景が見えてくる。どちらが正しいかではなく、ソニーを取り囲む環境がそれだけ複雑に絡み合っていたのである。

ここで、ＳＭＯＪが置かれていた二〇〇八年当時を少し説明したい。

その年の四月、海外営業畑ひと筋の栗田伸樹が、アメリカの販売子会社・ＳＥＬの役員からＳＭＯＪ副社長に就任した。異動の内示のさい、正式なミッションはなかったものの、帰国するとソニー本社役員から「国内ビジネスの立て直し」を強く求められた。同時に、ＳＭＯＪ社長からは社長昇任含みの副社長就任であることが明かされたうえ、さらに「とにかく、好きにやって欲しい」と事実上の権限委譲が伝えられたのだった。

そもそもソニーのエレクトロニクス製品の全世界での総売上高は、エリア別に見ると北米市場、欧州市場、日本市場の三つの有力市場がそれぞれ三〇パーセント、残りを他のエリアが分け合っていた。時には日本市場が三五パーセントを占めることもあり、ソニー本社がある強みを発揮していた。

ところが、栗田が帰国した〇八年当時、国内市場の売上高は一〇パーセント程度にまで落ち込み、低迷から抜け出せないでいた。中国などの新興市場で売り上げを伸ばしていたことも一因だったが、それでも北米市場で二五パーセントの売り上げを維持していたことを考慮するなら、国内市場での売り上げの落ち込みは深刻であった。

そのような厳しい経営状態のなか、ストリンガーの指示とはいえ、本格的な直営小売店の展開に少ないリソースを振り向ける余裕は、当時のＳＭＯＪにはなかったのが実情だ。それに国内市場の立て直しは自力では難しいと判断されたから、北米市場で好調な売り上げを維持するＳＥＬから幹部を、つまり栗田が招聘されたはずである。

栗田は帰国早々、ソニー社内の不思議な現実に直面する。それは国内の事業部やエンジニアたちの目が、アメリカなど海外に向けられていることだった。

「ソニーショックや薄型テレビに乗り遅れたりしてエレキ事業が不振で大変な頃でしたので、売れている市場へ目が向くのは仕方がありませんでした。それに、海外と比べてＳＯＮＹのブランド力が（国内市場では）あまりにも弱すぎると思いました。だから、ブランド力を徐々に上げて売り上げも伸ばせば、事業部やエンジニアの目もこちらに向けられると思いました。そのためには、その流れをまず現場から作ることだと考え、実行に移しました」

栗田が指摘する「現場」とは、戦略を考えるマーケティング部隊(MK)と家電量販店にソニー製品を卸す量販店営業本部、そして量販店の店頭に展示されたソニー製品の販売をサポートする支店の三つである。栗田の目には、この三つがそれぞれ力を持ちながらもバラバラに動くため、効果を発揮できずにいるように映ったのだ。

「セルアウトが作るセルイン」

そこで栗田は、トータルな戦略を決めるMKをトップに、それに基づいて量販店営業本部がソニー製品を店舗に導入し、販売現場が実売の実績を上げれば、自動的に量販店は仕入れに動く——というシステムの確立を目指した。この流れを、栗田は「セルアウトが作るセルイン」と呼んだ。セルアウトとは「実売」で、セルインは家電量販店にソニー製品を卸した時点での「売り上げ」、つまり在庫のことである。

栗田の「セルアウトが作るセルイン」という考えは、首都圏営業本部長でSMOJ執行役員の吉藤英次にも得心がいくものであった。吉藤には中国支店長時代、それまでの「売上第一主義」を排し、各営業マンにP／L(損益計算書)で考えることを求めた経験を持つ。それは、営業マンの評価を、それまでの支店やソニーに対する売り上げではなく利益の有無で測ることに変えることであった。それ以降、「営業は科学だ」が彼の持論となった。

その吉藤には、忘れられないセルインの思い出がある。

一九七七年入社の吉藤にとって、営業マンの人生の大半はセルインで「良し」とされた時代であった。ある家電量販店に商談に出向いた時のことだ。通された商談用の部屋に入ると、大きな机の前に椅子が並べて置かれていた。椅子の間に何本もの線が引いてあり、線の横には数字が書いてあった。机に一番近い線には「35」の数字が書いてあり、順次低い数字が続き、最後は「25」で終わっていた。椅子には、各家電メーカーの営業マンが座って待っていた。

家電量販店の仕入れ担当者が机に着くと、営業マンたちは立ち上がり、各々が線の上に立った。「35」の数字の線の上に立てば、粗利(売価から卸値を引いた額)を三五パーセント保証するという意味である。それを見て、仕入れ担当者は「よし、何台買ってやる」というだけである。購入する製品の仕入れ価格も機能も含め一切何も聞かない。

仕入れた製品が売れるかどうかなどメーカーの営業マンは心配しなくていい、どれだけ利益を(家電量販店に)与えられるかを考えろ、というのがその家電量販店の姿勢であった。まさに、セルイン・ビジネスの究極の姿である。

その頃のことを、吉藤はこう振り返る。

「そういう営業のやり方を(入社以来)ずっと経験してきたわけです。だから、私は『押し込み販売(セルイン)』を最高のセールスだと思ってきました。しかもソニーは、先進的な商品を市場に送り出していましたから、取り扱いたいという販売店が多くなっていましたので、なおさらセルインに疑問を持つことなどありませんでした」

それまでセルインが有効だった背景には、「作れば売れる」時代があった。

高度成長とともに豊かな暮らしを求めた国民は、その象徴である家電製品を争って買い求めた。そのため、メーカーにすれば「作れば売れた」し、小売店では「展示すれば売れた」のである。ところが、家電製品の多くが成熟商品になり、買い替え需要しか期待できなくなる時代を迎える。しかも家電ブームの影響で新規参入するメーカーも増えたため、市場での競争は激化していた。店頭に製品を並べるだけで何もしなければ、製品は売れなくなったのである。

売れなければ、家電量販店など販売店に押し込んだ製品は在庫になる。在庫が滞留すれば、販売店を新製品を簡単に受け入れてはくれない。かといって、在庫処分するにはコストがかかる。そのため、在庫処分の費用の一部を負担するようにメーカーに求めてくることもあった。要するに、家電製品を売る「新しい仕組み」が必要な時代になっていたのである。

サプライチェーン・マネジメントの導入

一方、ソニーでは、ＳＭＯＪにセルイン見直しのきっかけを与える動きが、すでに始まっていた。それは、二〇〇三年に導入されたサプライチェーン・マネジメント(ＳＣＭ)である。ＳＣＭとは、製品の原材料の調達から生産、販売、物流までの流れを一元管理することで、経営の効率化を図る手法である。つまり、需給に見合う最適なタイミングで生産・供給することで、不良在庫を抱えたり商機を失わないことを目指したのである。

吉藤はＳＣＭとセルインの見直しについて、当時の状況をこう説明する。

「ＳＣＭをちゃんとやっていくには、需要と供給のバランスがはっきり見えるようにする必要があります。他方、私たち販売現場はただ押し込めばいいのではなく、実売データを販売店からもらって初めてバランスのとれた売り上げと供給(納品)が見えるようになります。そのためには、現場の評価軸を変えなければいけません。セルインではなくセルアウト、販売店に収めた製品がユーザーに売れて初めて、担当の営業の成績になるようにしたのです。実売数を上げるために、担当の営業はお店と一緒になって売る努力をする、つまりこれまでとは違う『提案営業』に変わったのです」

ただし実売数は、家電量販店など販売店にしか分からない。しかも実売数のデータをSMOJに渡すことは、自らの手の内をさらすことになるため販売店側には強い抵抗感があった。そこを吉藤たちは、互いにとってメリットがあることを根気よく説明して、販売店側にお願いするしかなかった。吉藤たちは、各販売店を説得して回る。

そうした吉藤たちの熱意を最初に受け入れたのは、コンピュータによる商品管理システムが当時整っていた大手家電量販店のヨドバシカメラだった。ヨドバシでは、二〇〇八年の夏から実売数のデータをSMOJに提供するようになった。ヨドバシの店舗でソニー製品が売れれば、SMOJのコンピュータに実売のデータが届き、それを受けて担当営業マンは実績として評価された。

かくして、セルアウトで評価するシステムが整い、三つの「現場」がそれぞれの力を発揮し出したころ、吉藤英次にアップルストアのような「直営店」がソニーにも欲しかったと歯ぎしりさせることが起きる。

直営店の必要性を痛感

二〇〇八年七月、北海道の洞爺湖で「洞爺湖サミット」が開催された。

SMOJ北海道支店では、プレスセンターが置かれたホテルとの間で液晶テレビの商談を成立させていた。その後の追加商談で、北海道支店はロビーの環境音楽に最適な製品として発売されたばかりのスピーカーシステム「サウンティーナ」を提案したのだった。

サウンティーナは直径約一〇センチ・高さ一・八メートルの円筒形のステレオスピーカーで、全長の三分の二が透明な有機ガラスで作られたユニークな製品だった。通常のステレオシステムで音楽を楽しむ場合はスピーカーが二本必要だが、サウンティーナでは一本の円筒形のスピーカーから音が三六〇度広がるため、部屋のどこに置いても臨場感あふれる良質な音楽を聴くことができた。しかも通常のステレオシステムと違って場所を選ばないため、インテリアとしても利用できた。

ホテル側は、まさに「ソニーらしい」ユニークな製品作りを体現したサウンティーナをすっかり気に入り、さっそく現物を試聴してみたいという話になった。当然すぎる申し入れである。

ところが、当時の北海道にはサウンティーナを展示している場所は、家電量販店など販売店を含めどこにもなかった。というのも、サウンティーナは一台百万円という高額商品だったからだ。ユニークで高性能なステレオスピーカーであっても、家電量販店が扱う一般消費者向けの商品、いわゆる「売れ筋商品」ではなかったため展示する必要性を感じなかったのである。

率直にいえば、サウンティーナは音響マニアや熱心なソニーファンなど限られた市場を対象にした商品であった。そのためＳＭＯＪでも、ホテルやレストラン、あるいはインテリア業界に販路を見出そうとしていた。もともと法人相手の商品なのである。

その意味では、ＳＭＯＪ北海道支店が洞爺湖サミットの関連でホテルにサウンティーナを売り込んだのは正しい判断である。ただ、高額製品がゆえに実物を確かめたいとホテル側が思うのもまた、当然であった。しかしそのホテル側の希望に、北海道では応えられなかったのだ。

困り果てた北海道支店の担当者は、かつての上司である吉藤に相談の連絡を入れた。

首都圏営業本部長の吉藤英次は、二〇〇四年から四年間、東北・北海道を管轄する北日本営業本部長を務めていた。かつての部下からの相談に、吉藤はいろいろと思案したものの妙案はなかった。

当時、サウンティーナを常設展示していたのは、東京・銀座のソニービルのショールームだけだった。だからといって、北海道の顧客に対し「銀座(のソニービル)で展示してありますから、見に来てください」とは、とても言えなかった。

吉藤は、こう振り返る。

「せめて札幌に展示する場所があれば、札幌に(サウンティーナは)置いてありますからと言えたのですが……。だから、ソニー製品なら全部揃っていますという(ソニーの)直営小売店が、最低でも主要七大都市に欲しいと改めて思いました」

最終的に、サウンティーナの商談は警備上という別の問題で成立しなかったが、吉藤にひとつの課題を残すことになった。それは、直営小売店の実現である。

その後、SMOJの現場でも直営店の展開を求める声、その必要性を認める空気が広がっていくことになる。とくに吉藤のような役員や幹部が直営店の必要性を正面から受け止めたことは、大きな変化であった。

こうした下からの変化と連動することなく、ストリンガー主導の「上からの販売体制の改革」が進められるのである。

ダイレクトビジネス(メーカー直販)への取り組み

直営店展開と直接関係はないが、ダイレクトビジネス(直販)という視点からソニーの販売戦略を振り返るなら、それ自体は前CEOの出井時代にすでに始まっていた。それはいまでいう「インターネット通販」という形で立ちあげられた。

出井はSMOJ設立のさい、その理由のひとつに「流通に引っ張られているだけだと、インダストリーは絶対に広がらない」ことを挙げている。出井によれば、家電量販店など外部の流通業者の意向ばかり気にしていたら、彼らは「売れる」ないし「売れている」商品だけを求めるため、一部のソニー製品だけが売れて終わりということになりかねない。それゆえ、メーカーがもっと販売に直接関わる必要があるというのである。

そうした出井の意向を受けて、メーカーが販売(流通)に直接関与する、ダイレクトビジネスへの取り組みが始まるのである。

二〇〇〇年一月、ソニーはSMOJとの共同出資(同額)で「ソニースタイルドットコム・ジャパン」を設立し、二月一日からソニー製品のインターネット販売を始めた。しかしこの試みは、当初は家電量販店などから総反発を食うことになる。

というのも、家電量販店など小売店では、ソニーファンなど一般消費者が「ソニースタイル」で購入するようになり、自分たちの商売に悪影響が出るのではないかと強く危惧したからである。

ソニーのあるOBは、当時をこう振り返る。

「ソニースタイルを始めたとき、家電量販さんから『俺たちに売らせておきながら、自分たちでも売るというのはどういうことだ。俺たちの売り上げを取るつもりか』などと強い反発を受けました。その後、なんとか誤解は解けましたが、それがトラウマとなって国内で本格的な直営店展開をすることには躊躇《ため》《ら》いがあったのです」。

メーカー直販は、家電量販店側にすれば、味方と思っていた相手が突然、最大のライバルになったようなものだったのだ。

もともと家電製品は、いわゆる「町の電気店」など小売店が複数のメーカーから仕入れて販売(混売)していた。ところが、家電ブームの到来とともにメーカーの系列店(専売店)政策は一挙に加速し、松下電器産業が一時五万店舗の系列店を組織したことに象徴されるように、メーカー別の系列店が増えていった。

ところが、系列店の中でも好業績を続ける優良店の中から専売から混売に切り替えるところが出てきた。商売に自信のある系列店の店主(オーナー)は、複数のメーカーから仕入れたほうが多くの一般消費者のニーズに応えることになるし、売り上げも伸びると考えたのである。事実、混売店に衣替えすると売り上げは急増し、事業は拡大していく。その過程で、個人経営の店から法人化し家電量販店へと成長していったのである。

そして彼らの多店舗展開は仕入れ量を急増させるとともに、メーカーに対する強力なバイイングパワーを持たせることになった。つまり、それまでの仕入れさせていただくという関係からメーカーに対し、この仕入れ値でいいなら「何台、売ってやる」と主従が逆転したのである。

しかも国内家電市場の規模は、約八兆円で推移してきていたが、その七割以上を家電量販店の売り上げが占めるようになっていた。ソニーにも系列店網はあったが、約一千店舗程度の自前の販売網では対抗できるはずがなかった。

家電量販店も「ソニースタイル」を認める

そのような状況のなか、家電量販店側からのソニーのネット通販に対する強い反発に対し、SMO

Ｊが平穏でいられるはずはなかった。率直に言えば、営業の現場としては家電量販店側を必要以上に刺激したくなかったし、余計なことをしてくれたというのが偽らざる気持ちだったろう。ソニー全体のビジネスを考えると、複数の販売チャネルを持つこと、とくにインターネット時代にはいち早くネット通販に取り組むことは欠かせないと理屈で分かっていても、相手あっての日々のビジネスを行う営業現場としては、そう簡単に割り切れるものではない。

ＳＭＯＪの営業現場では、ネット通販の「ソニースタイル」が家電量販店のビジネスの脅威になるようなものではないこと、店頭に訪れないお客を掘り起こすツールであることなどを丁寧に説明して、理解を求めるしかなかった。他方、ＳＭＯＪ社内でもネット通販「ソニースタイル」に対する理解はほとんどなかったし、家電量販店を担当する営業から見れば、自分たちの仕事の邪魔をする存在でしかなかったろう。

ソニーのダイレクトビジネスは当初、その理想と目標の高さに反して大胆に展開されることは叶わなかった。周囲を刺激しないように配慮しながら、亀の歩みのごとく一歩ずつ進めるしかなかった。ソニーでは、出井社長誕生以来、インターネットの普及とともに来たるデジタルネットワーク社会に備える取り組みを始めていたものの、いち早く優位な立場を築く環境を整えるまでには至っていなかったのである。

とはいえ、地道な活動の過程で家電量販店が「ソニースタイル」の存在意義を認める、思わぬ副産物を生んでいたことも忘れてはならない。

長い間、販売価格はメーカーが決めていた。その価格からどれほど値引きするかが、家電量販店自慢の「格安」価格や「安売りセールス」の決め手となっていた。ところが、一九八〇年代中頃からの大手家電量販店が全国展開するなか、メーカーの決めた価格の「三割引き四割引きは当たり前」といったセールストークのもと、各地で安売り合戦が展開され常態化するようになった。

そこで公正取引委員会は、メーカー価格と実際の販売価格の乖離を「家電製品の二重価格」にあたると問題視した。その対策として、公取委が違反となるケースの具体的な規準を設けたため、家電量販店など販売店では違反しない取り組みを進めたものの、二〇〇〇年頃からほとんどの家電製品は小売店が自由に価格を決める「オープンプライス」へと移行したのである。

しかしオープンプライスには、売る側にも買う側にも深刻なデメリットがあった。

それは売る側はどれほどメーカー価格を安くしたかをアピールできなかったし、買う側は割安で買ったという「お得感」を実感できなくなったことである。たしかに乱売などによる市場価格の乱れは収まったものの、両者にとって、オープンプライスは「すべて良し」というわけではなかった。

そうしたなか、「ソニースタイル」のビジネスが始まったのである。当然、すべてのソニー製品に売価、つまり「価格」が付けられている。売る側と買う側にすれば、それまでと変わらぬメーカー価格を得たも同然であった。今後は「ソニースタイル」の表示価格を目安に店頭での売値を決めればいいし、その店頭価格の割安感を一般消費者が実感したければ「ソニースタイル」で確認すれば、それで十分だった。

ある意味、「ソニースタイル」は時代の産物と言えるかも知れない。

家電製品が「説明商品」に変わった

いつの世も社会は変化し、時代も移り変わる。

「ソニースタイル」の環境にも、変化が訪れる。ネット通販で製品を買う場合でも、やはり実際に手で触れて確かめたいと思う一般ユーザーは少なくない。二年後の二〇〇二年七月、「ソニースタイル」は自前のショールームを東京港区台場の複合商業施設「メディアージュ」内にオープンした。

さらに二年後、大阪・心斎橋のソニータワーにあったソニー製品のショールームを梅田に移転したうえで、直営小売店に衣替えした「ソニースタイルストア大阪」を開設するまでになった。その理由を、当時のプレスリリースではこう説明している。

《急速な家電製品のネットワーク化やデジタル化の進展により、複数の商品やサービスを組み合わせて楽しむスタイルが普及しつつあります。このような変化の中、お客様からは商品の機能説明だけでなく、「商品やサービスをネットワーク環境下で試してみたい」、「商品に触れながら使用目的にあった商品やサービスの組み合わせを提案して欲しい」などリアルの場での体験／体感／コンサルティングへのニーズが増加しています》

売るだけでなく製品の機能の説明を含め、その操作やサービス体験などコンサルティング業務まで広く行う一般ユーザーとの交流の「場」であるというのだ。

ひと言でいえば、家電製品が「説明商品」に変わったということである。それまでの家電製品は電源を入れれば、すぐに使える商品だった。取扱説明書を読まなくても誰にでも使えたのである。ところが、パソコンや携帯電話に代表されるように、デジタル製品は店で詳細な説明を受けるか、分厚い取扱説明書を熱心に読み込むなどしないと使えない機器なのである。しかもデジタル家電では、テレビとレコーダーを繋げてリモコンを一台にする初歩的なものから家庭内ネットワークで機器同士が繋がって利用するものまで多岐にわたる。専門家のサポートが必要な家電製品が増えたのである。

ソニースタイルストア大阪では、専任のスタッフを置いて一般ユーザーからの詳細な相談や要望にも対応できるようにしていた。ちなみに、専任スタッフを「スタイリスト」と名付けている。

直営店「ソニーストア」の誕生

さらにSMOJにとって、まったく「新しい売り方」に挑戦する時が訪れる。

それは、大手家電量販店のフロアの一角に専用のコーナーをもらって、VAIOパソコンを直接、一般ユーザー販売することである。いわゆる「ショップ・イン・ショップ」と呼ばれる販売形態で、あたかもソニーの直営小売店のようにソニーの社員が店頭に立って対応し、販売するのである。

そうした方法を家電量販店が認めたのは、パソコンを売るためには事前の説明、それも初期設定を始め様々なサポートを必要とし、しかも三カ月ごとに新製品が発売されるため店員だけではとても対応しきれないという問題があったからである。つまり、家電製品が説明商品化するなか、とくにその代表格であるパソコンには専門的な知識を含め一般ユーザーからの様々な相談に対応しなければならないという負荷の高い問題があったのだ。

その部分を、いわば「外注」に出す形で認めると同時に、専門知識や対応の仕方などをSMOJのスタッフから学ぶというメリットもあった。

SMOJでは「バイオ・オーナー・メイド」と専門コーナーを呼び、一般ユーザーの要望する仕様、つまりカスマタイズにも応じるようにした。自分だけの、自分専用のVAIOパソコンの販売をめざしたのである。

こうしてSMOJでは、一般ユーザーに製品を「直接」販売するノウハウを蓄積していったのだった。二〇〇八年十一月には、ソニースタイルストア大阪をリニューアルして、ショールームの要素を少なくし、ストアにより力を入れるようになった。

そうした変化の中で、同じ頃に首都圏営業本部長の吉藤英次から「(ソニーの)直営小売店が、最低でも主要七大都市に欲しい」という営業現場の声が出るのである。他方、翌〇九年十二月には、会長兼ＣＥＯのストリンガーの「ソニー直営店を強化する」旨の発言が日経産業新聞に載り、本社では直営店戦略の見直しが始まる。ほぼ同時期に「直営小売店」の実現を目指す動きが、「上から」と「下から」で起きるのだ。ただし互いに向いている方向は、同じではなかった。

その後、直営店の名称を「ソニーストア」で統一することが決まる。

ソニースタイルストアとして開設した大阪と銀座の直営店は、順次「ソニーストア大阪」と「ソニーストア銀座」に改められていった。

ＳＭＯＪは国内市場の変化を見据えながら直営小売店の出店計画を進めていたが、最終的にソニーストアの「第一号店」として名古屋進出を決める。一方、ストリンガーの指示の下、直営店の本格展開を検討していた本社執行役員の鹿野清は、自らスカウトしてきたフリーマンとともに従来とはまったく違う新しい直営店舗を構想していた。

それは、鹿野の言葉を借りるなら「店構えから売り方、そのノウハウまでグローバルに統一」された直営店戦略に基づいたもので、ソニーストアはその統一されたコンセプトのもとに世界で店舗展開されるものであった。簡単にいえば、世界の「ソニーストア」はすべて同じコンセプトで統一されるべきものなのである。

それに対し、ＳＭＯＪが志向する「ソニーストア」は、コンセプトや店舗運営などを含めすべて国内向けに考えられていた。それは、ＳＭＯＪが国内市場の販売を担当するという本来の設立目的からすれば、当然の帰結であった。

ある意味、両者は似て非なるものなのである。もしＳＭＯＪの出店計画を鹿野たちのグローバルな直営店戦略に沿う形に変更するなら、いったん計画を白紙に戻してゼロからやり直す必要があった。そうなれば、オープン日を含むスケジュールを始め、変更にともなう様々な問題に対応しなければならない。

ソニー本社とＳＭＯＪの間で、どのような協議が重ねられ、そして結論に至ったかは知る由もないが、二つのことが合意されたという。

ひとつは、ＳＭＯＪが計画している名古屋の直営小売店は新フォーマットのものではないが、ソニーストアという新名称の使用が認められたこと、二つ目は「ソニーストア名古屋」はグローバルな直営店戦略に基づく第一号店ではなく、ＳＭＯＪのローカル直営店戦略に位置付けられた店舗である、ということである。要するに、ソニー本社が国内の営業現場の意思を尊重したのである。

一方、鹿野自身は私とのインタビューでは「ソニーストア名古屋は一〇〇パーセントではないにしろ、(グローバルに統一した)目指す直営店のコンセプトを盛り込んだ一号店、つまり、世界最初のソニーストアです」と強調している。

ソニーストア名古屋の誕生

二〇一〇年三月十三日、ソニーストア名古屋はオープン日を迎える。

その日は、いまにも降り出しそうな悪天候だったにもかかわらず、午前十一時の開店前には三百人を超える来店客が正面入り口前に長蛇の列を作った。開店セレモニーのテープカットでは、ソニーストア名古屋を運営するＳＭＯＪ社長の栗田伸樹と、ソニー本社副社長の吉岡浩が並んでハサミを入れた。名古屋市が中部経済圏の中核都市とはいえ、地方都市への出店で本社副社長を送り込んだところに、ソニー会長兼ＣＥＯのハワード・ストリンガーの直営店ビジネスに対する意気込みが強く感じられたものだ。

ソニーストア名古屋は、五〇〇メートルも離れていないアップルストアが大通りに面しているのと対照的に、少し引っ込んだ場所にある。建築家の安藤忠雄が設計した商業ビルの一階と二階に入居し、売場面積は二百四十坪である。売り場の窓ガラスは大きく採光に優れているため、店内は明るく開放感が味わえる洒落た作りになっていた。

一階の売り場には、ウォークマンやサイバーショット（デジカメ）、エクスペリア（スマホ）、ハンディカム（デジタルビデオカメラ）などのモバイル系やプレイステーション3などのゲーム機器が展示されており、二階には当時話題の商品だった3Ｄテレビを始め液晶テレビのブラビア、ブルーレイレコーダー（録画再生機）などホーム製品が集められていた。一、二階合わせて展示商品は、六百点にも及んだ。ソニーストア名古屋は、ストリンガーが希望した「すべてのソニー製品が揃う」場所にもっとも近い存在だったのではなかろうか。

多くのソニー製品が一堂に会している以外にも、ソニーストア名古屋には他の直営店では見られない大きな特徴があった。それは、「バックステージ」と呼ぶスペースを二階に設けていたことである。そこでは、ソニーストア名古屋以外のどの店で購入したソニー製品であっても、ソニー製品である限り、きちんと対応することになっていた。

たとえば、セットアップカウンターでは他店で購入したパソコンであっても、持ち込めば専門のスタッフが初期設定から使い方まで懇切丁寧に説明するし、しかも無料である。また有料ではあるが、デジカメやビデオカメラの撮影から編集、作成後の楽しみ方まで個人レッスンで学べるサポートも用意されていた。

このようなサポート態勢を考慮するなら、ソニーストア名古屋では製品の販売以外のサービスを提供することで、一般消費者に広くソニー製品の購入を促し、それによってソニーファンを増やすことにかなりのマンパワーを割いていた。それは、売場面積に比べて約三十名というスタッフの多さからも容易に推測できる。ローコスト経営の家電量販店なら、同じ広さの売場面積では半数以下のスタッフで運営されただろう。

名古屋地区の家電量販店の反応

じつはそのマンパワーの恩恵は、名古屋地区の家電量販店にも及んでいた。

SMOJ社長の栗田は、その効果と経緯をこう説明した。

「(SMOJの)名古屋地区の責任者に『ソニーストアを作ることにした。だから、オープン時に家電量販さんとの間に問題が起きないような、しっかりとした戦略を立てなさい』という指示を出しました。いろいろ考えた末、生まれたのが開店にあわせて『ソニーフェア名古屋』(というイベント)をやろうということでした」

さらに、家電量販店側の反応に触れる。

「最初は量販さんの反応が気になりましたが、実際に(家電量販店側に)話してみると、ネガティブなものはなく『お、いいじゃないか。うちも乗るよ』というのがほとんどでした。最終的に五十店の量販さんが賛成してくれましたので、コラボしました。オープン当日の名古屋地区エリアの(参加量販店の)売り上げは、昨年十二月に記録した歴代トップの金額を上回るものでした。この成功は、フェアに携わった人たちの大きな自信になったと思います」

フェアに参加した名古屋地区を地盤とする大手家電量販店「エイデン」(現、エディオン)のメッツ大曽根店では、入り口近くにソニー製品を積み上げたソニーフェアのコーナーが設けられていた。

店長の浅井良達は、ソニーストア名古屋に対する期待を率直に語った。

「この店のいまの大きな商売は大型テレビですが、(家電)エコポイントが終われば、売り上げが落ちていくのは分かっています。それをどうカバーするかが、大切なんです。今後はオール電化とか太陽光関連の商品が目玉になると考えていますので、そのための専門知識の勉強や販売ノウハウ取得のための店員研修に多くの時間を割く必要があります。ですから、次から次へと発売されるデジタル家電商品すべての商品知識を店員に習得させて、それに基づいた対応をさせようとしても物理的に無理なんです。できれば、ウォークマンや液晶テレビなどで新製品が発売された場合、ある程度の商品知識は私たちも学びますが、『それ以上の質問やケアは、ソニーストア名古屋でお願いします』と言えたら、本当に助かります」

ソニーストア名古屋の開店は、周辺の家電量販店の理解も得られ、しかもその効果が数字にも表れていることから順調な滑り出しだったと言えるだろう。

ちなみに、家電エコポイントとはリーマンショック後の冷え込んだ消費を喚起させるために、政府が二〇〇九年度補正予算で実施した追加経済対策のひとつで、対象製品を購入した際に付与したポイントのことである。具体的にいえば、省エネ効果の高いエアコン、冷蔵庫、地デジ対応のテレビの三製品を購入すると、一定のポイントが与えられ、そのポイントで製品やサービスなどと交換する制度である。二〇〇九年五月十五日から翌一〇年三月三十一日まで実施されたが、当初から「需要の先食い」が危惧された。実際にエコポイント終了後、消費の減退を招いた。

ソニーストアの課題

ＳＭＯＪによれば、オープン当日の来店客数は五千人強で、翌十四日（日曜日）も同じく五千強と続き、その後の平日の平均来店客数は約三千人で推移したという。その結果、オープン一週間では、二万五千人の来店客数を記録したのだった。

ＳＭＯＪでは当初、オープン月に三万人、以後月五万人を見込み、年間では六十万人の来店客数を目標に掲げていた。つまり、オープン月の目標はわずか一週間でほぼ達成したことになる。ではソニーストア名古屋の躍進が、この熱気が名古屋地区から全国へ伝えられたかというと、そうとも言えなかった。

というのも、全国紙を始めほとんどのメディアがソニーストア名古屋オープン、およびその後の躍進について報道しなかったからである。全国紙では、日本経済新聞等が地方版でソニーストア名古屋のオープンを短く伝えたぐらいであった。雑誌では、写真週刊誌が近くのアップルストアとの対決を煽る形で「直営店戦争」（アップル対ソニー）として取り上げたことが目立つ程度だった。

その理由について、長らく電機業界を取材してきた全国紙経済部のＯＢは、「ソニーのプレゼンス（存在感）が、深刻なほど落ちてきているからではないか」と指摘した。

「かつてのような『ソニー神話』が生きていた時代なら、良いニュースでも悪いニュースでも『ソニーだから』という理由だけで単独で取り上げたものですし、その価値も十分にありました。しかしいまでは、社会を驚かせるような素晴らしい製品を開発するわけでもなく、本業(エレクトロニクス事業)の業績もパッとしない。当然、ＳＯＮＹのブランド力にも翳りが見えます。ＳＯＮＹに対するブランド信仰が残っているとしたら、五十代から上の世代でしょう。若い世代には音楽携帯プレーヤー『アイポッド』、スマホの『アイフォーン』、タブレットの『アイパッド』と個性ある魅力的な製品を次々と市場へ送り出して、新しいトレンドを創り出すことに成功しているアップルのほうがブランドとしては魅力的だと思いますよ」

ブランド力を高めるためには、ソニー製品が売れる、つまりソニーがウォークマンのような新しい市場を創り出す、画期的な製品を開発すること、何よりもヒット商品を生み出し続けることである。そのためには、ＳＭＯＪはとにかく売り上げを伸ばす、シェアを拡大して市場でのＳＯＮＹのプレゼンスを高めるしかない。

しかし「ストア(小売店)」としてのソニーストア名古屋を考えるとき、売り上げを伸ばすことは、そう単純ではない。

たとえば、一般ユーザーがソニー製品を購入する場合を考えてみよう。

最初にソニーストア名古屋で購入したいと考えていた製品を手に取って確かめ、次にスタイリストと呼ばれる販売員から丁寧な説明を受けて納得したのち、行きつけの家電量販店で希望した製品を購入する。あるいは、ソニーストア名古屋で必要な説明やサービスを受けることを前提にして、お目当ての製品を家電量販店で値引きしてもらって購入する。

どちらのケースでも、ソニー製品が売れるのでソニーの利益に貢献している。その意味では、ソニーストア名古屋は役割を十分に果たしたと言える。

しかしその半面、販売していないソニーストア名古屋には、売り上げや利益面でのメリットを得られないという問題が残る。そのようなケースが急増してソニーストア名古屋が赤字になったら、間違いなくSMOJの業績に悪影響を及ぼす。ソニーに貢献してもSMOJには足枷になりかねない事態になったとき、ソニーストア名古屋の評価はどうすべきなのか――容易に「正解」を見つけられない課題である。

流通業界誌の記者は、ソニーストアの目的を別の面からこう指摘した。

「家電メーカーではシェア争い(販売競争)をする前に、家電量販店の売り場でお客に目立つ、つまり展示された商品がお客の目に入りやすい場所を奪い合うことから他社との競争が始まります。一方、店は店で売り上げを伸ばすために売れ筋商品を多く確保したいと考え、メーカーにもそのように要求します。つまり、売れない商品は持ってくるな、というわけです。しかし売れる商品になるまでには、ある程度の時間はかかります。その間は、店には我慢して売り場に製品を置いてもらいたいのですが、他店と売り上げを争っている店側にはそんな余裕はありません。そこでソニーは、家電量販ではなかなか置いてくれないものの、将来の稼ぎ頭にしたい製品を直営店のソニーストアに置いて売れ筋商品にしたいと考えたのだと思います」

その狙いが正しいとしても、同時に別の問題も浮上すると指摘する。

「ただソニーストアも小売店である以上、来店客が説明を受けて気に入り、その場で買いたいと言えば、当然売りますよね。そこでは、家電量販店とはライバルになります。そのとき、当初は(家電量販店側が）理解を示していたとしても、良好な関係を続けるのは、なかなか大変だと思います」

たしかに、ソニーストアで売れ筋商品に育てて、その製品を家電量販店で大量に売るというビジネスモデルが成り立てば、何の問題もない。そしてソニーストアも黒字経営を実現できれば、両者はウィン・ウィンの関係になる。大切なことは、そのバランスをどうやってとるか、である。

ソニーストア名古屋をオープン時から取材してきた私には、個人的に危惧することがひとつあった。それは、コンサルタント業務も兼ねたスタイリストと呼ばれる販売員のモチベーションに関することである。

家電量販店や家電販売店で売り場に立つ店員は「この製品を売らないと給与に響く」と考えて働いている。それに対し、ソニーストア名古屋のスタイリストは「他でソニー製品を買って貰ってもいい」という指示のもと、売り場に立っている。この「売る」姿勢の違いは、最終的に「売り上げ」の多寡に繋がるのではないか。いや、そうではない。ソニーストアの黒字化のためにも「売る」努力は他の販売店の店員と同じように全力を尽くしているというのなら、そのモチベーションをどう維持するのか、と疑問に思ったのである。

いずれにしても、「一石二鳥」を狙って「二兎を追う者は一兎をも得ず」のリスクは避けられないだろうし、そのリスクをどう克服するかは今後の重要な課題であろう。

「ソニーはサムスンとアップルの中間のポジション」

会長兼ＣＥＯのハワード・ストリンガーは、ソニーストア名古屋のオープン当日には姿を見せなかったが、オープン月には視察に訪れていた。アップルを強く意識するストリンガーにとって、一部の海外メディアが「ソニーが、アップルストアと似た直営店を(日本で)オープンした」と報じたことに対し、どのように受け止めたか気になるところである。何かにつけて、アップルと比較されることに対し、私はインタビューでストリンガーに率直なところを聞いてみた。

「ソニーは、ポジショニングでいえば、(韓国メーカーの)サムスンとアップルの中間に位置していると言えます。それは、ソニーが両者に成り得る力を持った唯一の存在であるという意味です。私たちがハード(製品)の高品質を維持し続けることは必須です。そのことを、アップルなど他社製品と比べてソニー製品のユーザーが好ましい点だと考えておられるからです。しかもそれに、ソフトウェアやサービス、コンテンツを付加することでアップルに先行されることもないわけです」

さらに彼の矛先は、サムスンにも向けられる。

「また、ハードウェアの優れた技術を持ち続けるからこそ、サムスンに追い越され、取り残されることもないです。ですから、この両者の間の然るべきコースを上手に舵取りしながら進んでいくというのが、私たちの進むべき道だと思います」

さらにストリンガーは、ソニーの豊富な製品群やサービスを挙げて限られた製品しか持たないアップルよりもソニーが優位な立場にあると主張した。

ソニー本社の「理想」とSMOJの「現実」が微妙なバランスを取る中で、ソニーストア名古屋はオープンした。そして舵取りを任されたSMOJは、ソニーストア名古屋の黒字化と周辺の家電量販店および販売店への貢献という一見相反するミッションに挑戦する道を選ぶ。ソニー本社と「同格」の関係を目指したSMOJにとって、引き返すことのできない大きな試練であった。

第9章

新生・ソニー
マーケティング

ストリンガー退任、平井体制の発足

二〇一二年二月一日、ソニーは取締役会を開催し、会長兼CEO(社長も兼務)のハワード・ストリンガーの退任と、副社長の平井一夫の社長兼CEO就任を決めた。ただし、平井の社長就任は四月一日付けで、ストリンガーは六月の株主総会まで会長職に止まることも明らかにした。

「退任」という形を取っていたものの、実質的には業績不振の責任を問われたうえでの引責辞任であった。二〇一二年三月期(二〇一一年度)連結業績は当初、三期連続の最終赤字から脱し黒字化が見込まれていたが、四千五百六十六億円という巨額な赤字で終わることが明らかになるとともに、会長兼CEO就任以来掲げてきたテレビ(事業)の復活は実現せず八年連続営業赤字(累積赤字は約八千億円)が確定したからである。

このような最悪の業績が続けば、いくらストリンガーが続投を望んだとしても、とうてい取締役会で認められるはずもなかった。

平井一夫は一九八四年、日本のソニー・ミュージックエンタテインメント(SME)に入社する。その後、プレイステーションなどゲーム事業担当のソニー・コンピュータエンタテインメント(SCE、現・ソニー・インタラクティブエンタテインメント)の米国現地法人に転じると、以後ゲーム畑ひと筋で「プレステの父」と呼ばれた久多良木健の後任社長に就任するまでになる。そしてストリンガーが二〇〇九年に新しい経営チーム「四銃士」を結成したとき、SCE社長兼務という形でソニー本社のEVP(専務に相当)に大抜擢される。つまり平井には、ソニーの本業であるエレクトロニクス事業、とくにＡＶ(音響・映像機器)事業に携わった経験はなかった。

じつは前年、ストリンガーは取締役会に対し、兼務していた「社長」のポストを平井に譲る提案をしていた。そのさい、ストリンガーが考えた新しい経営体制は「ストリンガー会長兼ＣＥＯ、平井一夫社長兼ＣＯＯ(最高執行責任者)」であった。しかし取締役会は、ソニー本社での経験不足、とくに再建が急務のエレクトロニクス事業に対する理解やマネジメント力を危惧する声が大きく、平井の経営手腕が未知数の段階での社長就任は時期尚早という結論を出していた。そこで、ストリンガーは平井の社長就任の提案をいったん下ろすことにして、彼をＥＶＰから副社長に昇任させたという経緯があった。

前年の「社長兼ＣＯＯ」と経営責任の大きさが違う、「社長兼ＣＥＯ」への就任に対しても同様の危惧は取締役会にはあったものの、最終的にリスクを認めたうえで「ここは、平井氏の若さに期待したい、賭けてみよう」という意見が大半を占めたことから、彼の社長兼ＣＥＯ就任が決まったと言われる。

約二カ月後の三月二十七日、平井一夫は「社長兼ＣＥＯ」として自らの経営チームを立ちあげる。新しい経営チームは、平井を始め執行役ＥＶＰ兼ＣＦＯ(最高財務責任者)の加藤優、執行役ＥＶＰ兼ＣＳＯ(最高戦略責任者)の斎藤端、執行役ＥＶＰで技術戦略担当の根本章二、執行役ＥＶＰで商品戦略担当の鈴木国正の六名である。ストリンガー時代から執行役を務めた六十代の加藤を除くと、他の五人全員が五十代という若い経営チームの誕生であった。

同時に発表されたプレスリリースには、懸案のエレクトロニクス事業再建の今後については、次のように方針が示されていた。

《ソニーはデジタルイメージング・ゲーム・モバイルの三つの事業領域をエレクトロニクス事業の重点事業領域と位置付け、経営資源を集中し、強化していきます》

デジタル・イメージングとは、要するにデジタルカメラ「サイバーショット」とデジタル一眼カメラ「αシリーズ」や、デジタルビデオカメラ「ハンディカム」のことである。ソニーは、もともとデジタルビデオカメラの分野では強かったが、当時はそれにデジタル一眼カメラを含むデジカメがソニーの稼ぎ頭に成長していた。

モバイルにはPCやタブレットなどが含まれるが、とくにスマートフォン事業の強化を指しているものと思われた。先行するアップルの「アイフォーン」の対抗商品として、ソニーは「エクスペリア」を開発・発売したものの、いまひとつ市場では振るわなかったので、そのテコ入れを図る決断を示したといったところであろう。その背景には、携帯電話からスマホへユーザーの関心が急速に移りつつあるという事情があった。

ゲームは発売以来、低迷が続く「プレイステーション3」の見直しと巻き返しの意思をソニーが改めて強調したといったところであろう。

いずれにせよ、平井新経営体制は不振のエレクトロニクス事業の中で、デジタル・イメージングとゲーム、モバイルの三事業を「コア」事業と規定し、今後の「収益の柱」として見込んでいるということである。

他方、テレビを含む他のエレクトロニクス事業に関しては《収益力の改善が喫緊の課題であるテレビ事業を含むホームエンタテインメント事業は、CEO直轄として平井が担当執行役を務めます》とあった。

「集中（成長戦略）と選択（構造改革）」でいえば、三つのコア事業は成長戦略で、八期連続営業赤字のテレビ事業を含む他のエレクトロニクス事業は構造改革の対象にするというわけである。とくにテレビやビデオなどコモディティ化した製品は、平井の言葉を借りるなら「他社との連携・統合や撤退を進める」対象でもある。それゆえ、営業赤字のテレビ事業などは、新しいテレビの研究開発などにリソースを集中させるのではなく、リストラなどによって経費節減やコストダウンを図ることに専念して黒字化をめざすというのである。率直にいえば、テレビ事業は「お荷物」と見なされたのである。

その後、ソニーは四月に経営方針説明会の開催、および中期経営計画の発表を明らかにした。ソニーの新しい経営体制は、着々と整えられつつあった。

ソニー本社の変化とSMOJ

ソニー本社のトップ人事を含む新しい「変化」は当然、国内販売を担当するソニーマーケティング（SMOJ）にも及ぶ。平井一夫は新しい経営チームを発表する二週間前の三月中旬、SCEの国内販売部門の責任者だった河野弘をソニー本社の彼のオフィスに呼んで、SMOJ社長就任を打診したのだった。

そのさい平井は、ソニー社長就任にともないSCE会長に退く自分に代わって社長に就任予定のアンディ・ハウスが、河野を日本国内だけでなくアジアの販売部門の責任者にしたいと相談してきている旨も伝えた。要するに、平井は河野にSCEに留まりアジアの販売部門も引き受けるのか、それともSMOJ社長を引き受けるのか、そのどちらかを選ぶように迫ったのである。

河野は「そんな重要なことを自分が決めてもいいものか」と内心戸惑うとともに、SCEにはするべきことがまだ残されているという思いがあった。また、SMOJの経営陣のほとんどが自分の先輩であり、年下の自分を受け入れる環境にあるかも疑問だったことも、河野に即答することを躊躇《ためら》わせていた。そのため、河野は「いまの時点で、SCEを抜けるわけにはいきませんし、SMOJの社内に私を社長として受け入れる素地があるのか、そういったことも合わせて考えさせてください」と平井に時間的な猶予を願い出て、辞去するほかなかった。

河野は一九八五年の入社だが、最初の職場は国内営業本部(現在のSMOJ)の秋葉原営業所だった。その後、海外営業などを経てSCEの国内販売部門の責任者に就任していたのだが、河野にとってSMOJは古巣であり、ほとんどの役員はかつての同僚であり、先輩なのである。しかしいくら気心が知れた仲だといっても、国内営業では先輩・後輩の強いタテの人間関係があり、後輩の自分を社長として認めてもらえなければ、経営の舵取りはうまくいかないだろうと河野は考えていた。

その日の夜、河野はSMOJ社長の栗田伸樹の自宅に電話した。そして、自分を受け入れる社内の環境の有無などを率直に相談した。

栗田もまた、率直に社内事情を語った。

「田中(晴規)副社長と鈴木(功二)常務の二人には(河野の社長就任を)相談している。二人ともまったく問題ない。河野が社長をやるのであれば、むしろ『海外でやってきました、国内のことは何も知りません』という人が(SMOJに社長として)来るよりも、全然やりやすい。(役員の雰囲気も)河野なら大歓迎だ、というものだ」

栗田の言葉が、河野の背中を強く押した。

もともと栗田は自分の次は河野だと日頃から周囲には話しており、海外の販売会社・ソニー中国の会長として赴任することが決まったとき、社長の平井に「私が中国へ行くのだったら、私の後任は河野に絶対にやらせましょう」と進言していたほどだった。

盛田昭夫の言葉

ＳＭＯＪ社長就任に対する河野の危惧はなくなったものの、その半面「この時期にＳＣＥを辞めてＳＭＯＪに移る。これでは、普通の人事異動じゃないか」という何かもやもやとしたものが湧いてくるのを押さえ切れなかった。

まだＳＣＥを離れたくないという思い、そして栗田やＳＭＯＪ役員による河野に対する高い評価を考え合わせると、河野は自らが得心する選択を探しあぐねていた。そのとき、河野は海外営業時代に創業者の盛田昭夫から「コピーだね」と言われたことを、ふと思い出したのだった。

国内営業を経て海外営業へ場を移し東ヨーロッパのビジネスを立ちあげているとき、ベルリンの壁が崩壊した。そのような緊迫した状況の中で、河野は現地の販売会社を設立し、事業を始めていた。そこへ盛田が視察に訪れたのである。盛田は「オペレーションをよくやっているね。(東欧のビジネスが)順調に立ち上がっている」と評価する一方、河野に対し「誰もやっていないことをやっていない。要するに、コピーだな」と問題視したのだった。

河野は「ひと言申し上げますと」と断って、盛田に反論した。

「私はヨーロッパのオペレーション、日本のオペレーションなどのいいところを持ってきて、それをさらにヨーロッパの現地に合うようローカライズしています。決して、たんにコピーしたものではありません」

河野自身は言葉にはしなかったものの、東ヨーロッパの現地販売会社をベストプラクティス（最も効率的な組織）に仕上げたという自負心があった。

しかし盛田は、河野の努力を認めながらも突き放すように言い放った。

「それは分かるけど、ここにはイノベーションがない」

その当時を振り返り、河野は盛田の意図をこう理解したという。

「誰もやっていないことをやっていないとは、要するに（河野のやり方には）新規性がないと盛田さんは思われたわけです。その時のことが、いまでも私の頭にずっと残っています。そういうことにこだわるのが、やはりソニーのＤＮＡじゃないですか。創業者の人たちは、つねにそういうことにこだわられてきたわけです」

「ワン・ソニー」をめざす

ちょうど、平井が社長就任に向けて「ワン・ソニー」を呼びかけていた頃で、それを受けて河野も「ワン・ソニーはどうあるべきか」を考えていた時だった。とくに河野は、一般消費者に近い現場で「ワン・ソニー」を実現することが肝要だと思っていた。現場でのワン・ソニー実現の成否が、キーになると判断していたのである。

平井が「ワン・ソニー」を目指しても、ひとたび事業部に目を移せば、そこには「縦割り」のシステムがあった。しかし事業部としては、自らの収益構造から投資などを判断しなければならない。そのため、どうしても縦から見る必要があった。

しかし一般消費者と接する機会が多い販売現場から見れば、そうした縦割りは一般消費者には「弊害」でしかなかった。たとえば、直営店のソニーストアでさえ、液晶テレビのブラビアやウォークマンなどのソニー製品と並んで「プレイステーション」などのゲーム機器を展示することも販売することもできなかった。それは、ソニーとＳＣＥが独自の販売チャネルを持ち、自社の販売政策を優先させてきたからである。

河野は、そのような現実を変えたいと思った。

「(縦割りのシステムが)現場に及んではいけないと思っています。国内では、エレクトロニクスやゲーム、スマホなどのモバイル、それからコンテンツ(音楽と映画)などが大きな事業です。だから、その中でもハードウェアの分野では、ゲームとエレクトロニクスが一緒にやれるチャンスがある、つまり『ワン・ソニー』を現場で実現するチャンスだと思いました。どうしてかというと、その両方を分かっている私がＳＣＥを辞めないで、ＳＭＯＪの社長になれば、可能だからです。しかもＳＭＯＪ社長就任の打診がある以上、私にはいろんな発言権がありそうでしたし、そこで両方やる価値があると考えました」

こうして河野は、エレクトロニクスとゲームという二つの国内の販売ビジネスの担当を決断するのである。あとは、二つのマネジメントを適切に行うための時間配分や仕事のやり方を考えるだけであった。

翌日の午後、河野弘はソニー本社の平井のオフィスを訪ねた。

河野は平井に対し、ＳＣＥにおける国内販売責任者の兼務を認めてくれるなら、ＳＭＯＪの社長を引き受けたいと返事した。そのさい、「体力採用でソニーに入ったので、(二社のトップ兼務は)体力的に大丈夫です」と、大学時代に野球部だったことを付け加えることも忘れなかった。

平井は「そうだよね」と頷くと、河野には「国内は大事なマーケットだから、頼む」と言っただけで、とりたててミッションらしきものを与えることはなかった。

河野自身は、平井の意図をこう理解した、という。

「ひとつは、ある意味でのリ・ジェネレーション。つまり、(マネジメントの)若返りですね。それと、マーケットが元気のない頃でしたので、そうした現場で組織を明るくして欲しいというのもあったと思います」

社長就任

かくして河野弘は、四月一日付けでＳＭＯＪ社長に就任する。

それは、盛田から東欧のビジネスで「誰もやっていないことをやっていない」と指摘された言葉に対する河野なりの「解」を出した瞬間でもあったろう。当時のソニーでは、誰も、そしてどの地域でもエレクトロニクスとゲームの両方のビジネスを担当する責任者(トップ)は存在していなかったのだから。

就任後まもなく、河野は役員を集めてプレゼンをした、という。

「ＳＭＯＪが目指すものはバジェットという形で事業計画として出ていましたが、何のためにやるのか、何のために(ＳＭＯＪに)いるのかという目的のところ、つまり企業理念の話をしたいと思ったのです。そこでは、役員の人たちに『私たちの一番大事な仕事は、ソニーファンを作ること、ソニーファンを大事にすることです』と言いました。そのための手段として、大手流通(家電量販店など)とどういう商談をして、どのような店頭(展示)を実現するかとか、商品の良さはどう伝えるかといったことがあるのですが、それは結局、ソニー商品を使っていただいてソニーファンになっていただくことなんです」

その大使命に向けて、河野は各部署がどのような役割を果たすべきか、何ができるかを考えて欲しいというのである。ひと言で言うなら、「ソニーファンの創造」。それこそが新生・ソニーマーケティングの目標というわけである。

次に河野は、全国の支店を始め営業拠点十五箇所すべてでタウンホールミーティングを開催して、できる限り多くの社員の生の声に耳を傾けた。販売現場でいったい何が起きているのか、それに適切に対処するためには何が必要かなど、SMOJ社長としてトップ・マネジメントを適切に行うために必要な情報を自分の目で確かめ、そして収集したいと考えたのである。そして彼は、実行した。

全国の営業拠点を回っていると、やがて河野の目にはSMOJ社員が置かれた早急な対処を必要とする状態が映るようになった。

河野 弘氏

「(SMOJ社長の)私が言うのも何か変ですが、社員には上昇志向が強い人たちよりもSONYが好きで、ソニーで働いてきたことにプライドを持ち、現売でいい仕事をしたいと思っている人たちがたくさんいることです。ただ、いろんな(ソニー本社が実行した)構造改革やミスマネジメントなどで誇りを傷つけられ、ハートにダメージを受けた人たちが多かったことです。その人たちは怠けていたとかそういうことが理由ではなく、誇りを傷つけられていたのです」

さらに河野は、言葉を継ぐ。

「だから、ＳＭＯＪは自信を失いかけている組織でもあったわけです。だから私は、もう一回『ソニーは、すげぇんだ』ということを言いたかったたし、一度限りの人生なんだから、もっと仕事を楽しくやったほうがいいじゃないの、楽しくやろうと(社員には)訴えたかったのです」

たしかに、ＳＭＯＪは自信を失いかけていた。

ソニーには、かつて売上高一兆円を超えるカンパニー(事業部)やグループ企業を「一兆円クラブ」と内々に呼んだ時代があった。ＳＭＯＪも一時期、その一員に名前を連ねていた。

しかしソニーショックによる低迷が象徴するように、新しい市場を開拓したり市場を牽引する製品開発にソニーは適切に対応できなくなるとともに、アップルがアイポッドやアイフォーンなど世界初の商品や、世界市場を牽引する商品を次々と市場に送り出すようになると、ソニーのエレクトロニクス事業は瞬く間に業績不振に陥ってしまうのだ。

そのような状況を打開するため、ソニーは「構造改革」の名の下に毎年のように大規模な人員削減を実施するとともに新規プロジェクトの中止・廃止、資産の売却などを行って決算上の数字の辻褄合わせに固執したのだった。その結果、エレクトロニクス事業は縮小均衡するしかなかった。

メーカー経営の両輪は「開発・製造」と「販売・営業」である。しかしエレクトロニクス・メーカーのソニーでは、その両輪に対しなぜか集中的に構造改革が実施された。

その結果、ＳＭＯＪの社員数は六千名から子会社を含めても二千名までに激減し、売上高も数千億円にまで落ちこんでしまう。ＳＭＯＪの将来は、誰の目にも危ういものに見えたのである。

そのような悪状況下のＳＭＯＪに社長として、河野弘は赴任したのだった。

「ベンチャースピリットを持った大企業になろう」

それゆえ、河野がＳＭＯＪの現場に「元気」を感じなかったとしても、それはそれで無理はない。肝要なのは、そこからどうやって現場に元気を取り戻させるか、であった。河野は国内営業だけでなく海外営業、さらにはソニー本社勤務では社長室のスタッフとして経営全般を見る経験も積んでいたので、ＳＭＯＪ全体を客観的に評価することができる環境にあった。いわば、ＳＭＯＪの強味も弱味も分かっていたのである。

その河野に「弱味」として映ったのは、自分のＳＭＯＪ時代と違って、社員が「行儀が良すぎる」ことであり、「物分かりがいい」ことであった。非常に常識的であるが故の安心感はあるものの、そこからはブレイクスルーは生まれないので物足りなさを感じたのである。河野の言葉を借りるなら、「ソニーらしくない」のである。

河野が知る「ソニーらしさ」とは我がままで自己主張が強く、平気で独走するなど問題行動を平気ですることである。そしてそういう社員が珍しくないのがソニーであり、会社もむしろ好んで採用してきていたというのが河野の理解であった。

しかし社長の河野の目に映るＳＭＯＪ社員は、よく言えば慎重であり、丁寧な対応を心がけるものばかりであった。たとえば、会議ひとつにするにしても、河野にとって会議とは議論の場である。しかし現実は、すぐに議論に入りたくても、その前に時間をかけて議題を説明しようとするばかりであった。そのため、決断が遅くなった。もちろん、どちらにもリスクはあるが、河野は行動にともなうリスクのほうを評価した。

それゆえ河野は、社員にこう呼びかける。

「(SMOJは)ベンチャースピリットを持った大企業になろう、と。大企業のほうがオペレーションもしっかりしているし、インフラも整っているから、それを使わない手はない。ただそれは使うのだけれども、大企業になってベンチャースピリットを忘れてしまえば、それが一番の弱味になってくると。たんなる図体がでかいだけの会社になってしまうと」

では、そのためには何をすべきか。

社員の傷ついた心を癒し、モチベーションを起こさせるとともに、SMOJをベンチャースピリットにあふれた大企業にするためには、どうしたらいいのか。もちろん、格別な特効薬があるわけではない。

そこでまず、河野は「ハシゴを外さない」ことを心がけた、という。萎縮した社員がモチベーションを持つには、社内の風通しの良さと職場の明るさが何よりも肝要だと考えたからだ。つまり、社員が上司など周囲に気兼ねすることなく自由に発言し考え、安心して行動する環境を整えることから始めたのである。

新たな人員削減は行わない

はたしてSMOJ社長としての河野弘の考えや思いは、多くの社員にきちんと伝わっていったであろうか。社長就任から約一年半後、私はある中堅社員に対し、それとなく「河野社長」の評価を訊いてみた。

「河野さんに限らず歴代の(社長の)方々は、私たちの悩みや仕事上の問題について、真剣に話を聞いて下さいましたし、アドバイスや励ましもいただきました。しかし私たちの思いを、(ソニー)本社に直接言って下さったのは、河野さんひとりだけでした」

最初私は、彼の言う「私たちの思い」の意味がよく分からなかった。そこで他の社員にも声を掛けて話を聞き、それらを合わせて考えると、次の二つのことを指していることが分かった。

河野が社長に就任した年の十月、ソニー社長の平井一夫はグループ全体で約一万人の人員削減を行うと発表した。その年の三月期決算で、ソニーは四千五百六十六億円の最終赤字を計上しており、その構造改革のためであった。

前述したように、長年の相次ぐリストラの結果、SMOJの社員数は三分の一まで激減していた。そこに追い打ちをかけるかのような大規模な人員削減の発表に社員が「またか」と浮き足だったとしても無理はない。当然、SMOJの社内は暗くなった。

そうした事態に対し、河野はただちに手を打った。

SMOJのホームページに開設されている「河野社長メッセージ」で、河野はソニーの大規模な人員削減に対する自分の考えを明らかにしたのである。

《SMOJグループにおきましては(中略)構造改革に取り組んでおり、一定の成果が出てきています。従いまして、今回のアナウンスされた構造改革の発表をトリガーに、何かを新たに始めるということはなく、SMOJグループでは、すでに構造改革は進行中であると認識してください》

河野はSMOJでは構造改革は進行中であり、ソニー本社の人員削減とは連動しないと明言したのだ。つまり、新たな人員削減は行わないと宣言したのである。河野のメッセージを受けて、当然のことであるが、社内は落ち着きを取り戻した。

管理職のTOEIC規準を撤廃

さらに翌年七月中旬、同じ「河野社長メッセージ」で、河野は管理職への昇格選考条件になっていたTOEIC(英語によるコミュニケーション能力を測る世界共通テスト)規準を撤廃したことを発表した。

もともとTOEIC規準は、ソニー本社に設けられた昇格条件であった。その後、ソニー本社の意向で、グループ企業間の異動の障壁をなくすという理由からSMOJにも適用されたという経緯があった。しかし国内販売を担当するSMOJでは、ほとんどの社員にとって仕事上で英語を話す機会も必要もなかった。なのに、TOEIC規準を満たさなければ、英語ができなければ、管理職には誰もなれなかった。そのため、管理職の道を絶たれた優秀な社員の不満は鬱積したし、職場のモチベーションはいまひとつ上がりづらかった。

河野弘は、昇格条件からTOEIC規準を撤廃した経緯をこう説明する。

「そんな規準があるなんて、私は知りませんでした。ある会合で若手社員が『英語の(昇格条件が)クリアできていないんですよ』と言うから、私は『どこか行きたい(異動したい)ところがあるの、他に興味があるの』と訊いたのです。すると、彼は『バリュー・バンド(という管理職になるための条件)の英語の点数が足らない、できていないんです』と答えたわけです。そのとき初めて『へー、そんな条件があるんだ』と知りました。で、その後、実際に調べるとそうなっていました。その若手社員は、とても優秀だったので『これは、おかしいな』と思いました」

さらに河野は、実態調査に乗り出す。TOEICの点数が足らなくて管理職になれなかった社員はいったい何人いるのか、その実数を調べたのである。

「調べさせたら、TOEICの点数が足らずに管理職になれなかった人がかなりいたことが分かりました。しかもその人たちの評価は高く、優秀な人がほとんどでした。おかしいじゃないか、これは問題だと思いました」

河野は、SMOJの管理職に求められる資質、条件をこう指摘する。

「私は管理職の選考では、管理職のスキルの有無を一番大事に見たいわけです。マネジメントとして信頼できるか、部下が付いて行けるようなリーダーシップを発揮できるか、などの必要な要素を挙げていったとき、英語(力)は何番目に来ますかという問題です。もちろん、自分のキャリアプランとして将来は(事業部へ異動して)アメリカや欧州など海外で活躍したいというなら、自分で英語を勉強して規準をクリアすればいい。それがクリアできていないのであれば、そうした(海外行きの)ローテーションの機会はないというだけの話です。それは、もう自己責任です。それを会社の方針でやっておく必要はないと、私は思ったんです」

それゆえ、河野の結論はこうなる。

「SMOJにとって一番大事なのは、職場のみんなにとって納得感があるのは『この人は課長です、支店長です』という時に『異議なし』と全員が言えるかどうか、です。管理職スキルとしては(その実力は)どうか分からないけど、英語(TOEIC)は八百点取っていますよ、なんてまったく関係ありませんということです」

河野は、さっそく人事部に「SMOJでは、SMOJ独自のルールで(昇格条件を)やるように」と指示を出すが、本社との関係もあって当初人事部は難色を示す。しかし河野は、それを押し切る形で人事部に管理職への昇格条件だったTOEIC規準を撤廃させたのだった。

河野の決断で、ＳＭＯＪ社内のモチベーションは上がった。とくに、管理職への道を諦めていた世代にとって、自分の将来に希望を見出せるようになったのだから、その効果は計り知れなかった。

「会社と対等の関係でいろ」

ソニーでは、上司に楯突く社員は珍しくない。むしろ、多いと言ったほうが適切であろう。かつて求人のさい、《「出るクイ」を求む！》や《英語でタンカのきれる日本人を求む》などの異例の新聞広告を打って社会を驚かせたものだ。そうした異色の人材がソニーを牽引し、大きく発展させてきた。

しかし今回の河野のケースは、ソニー本社の方針・意向に結果として反旗を翻した形になってしまったのだから、少し次元が違う問題である。私は、河野の立場が気まずいものになるのではないかと危惧し、河野の率直な気持ちを聞いてみた。

「私は、本社からどう思われるかとか、まったく気にならないんです。そのためか、ときどき『（お前は）天然か』とか言われたりします。その時は、すごく侮辱された気持ちになります。でも親から『会社に纏わり付くような生きた方をしたら、絶対にダメだ』と言われて育ちましたから、会社にも言いたいことを言えるのだと思います」

河野の父親は会社の経営者で、河野に会社とどのように向き合うべきかを教えた人物でもある。その父親とのやり取りで、いまも鮮明に覚えているシーンがあった。

河野が課長の頃、持ち家を購入したいと思い、会社のローンを利用することを考えた。銀行よりも金利が安かったことが、大きな理由である。

河野が父親に「今度、家を買うよ」と伝えると、父親は「お前、頭金はあるのか」と問い返してきたのだった。

「いや、ないけど、会社から借りるし……」

「お前は、バカか。いったい、何を考えている」

父親の突然の叱責に、河野は驚くとともに父親の真意が分からなかった。

しかし父親は、困惑する河野にかまわず、言葉を継いだ。

「会社に借金したら、お前はあとは会社にただ黙って従っていくつもりか。金を借りているヤツに対して(河野が)刃向かっていけるとは、とうてい思えない。だからお前は、そこでもう終わりだ」

河野は、ようやく父親が「会社と対等の関係でいろ」と諭しているのだと分かった。得心した河野が会社のローン利用を止めた後も、父親は河野に対し「会社の方針に納得できないんだったら、その時はすっぱり辞めろ」「自分が納得できないことがあるのなら、そんな会社にいてはダメだ」などと繰り返し諭し続け、会社に縛られるような生き方を批判したのだった。

大木充の場合

河野から父親とのエピソードを聞いたとき、私はソニー創業者の盛田昭夫が大木充を会長秘書役にと説得した時のことを、ふと思い出していた。

大木は大学でマーケティングを学び、卒業の頃にはアメリカで流行りだしていた「ショールーム」に関心を抱くようになっていた。日本ではまだ本格的なショールームなど、どこにもない頃だった。そんな時に、ソニーが銀座のど真ん中にショールームを中心にした「総合ショールームビル」を建設するという噂を耳にする。すぐに大木が調べると、ソニーのショールームビル建設は事実で、すでに完成間近であった。ただしショールームビルの建設・運営は、メーカーとしてのソニーではなく子会社の「ソニー企業」に任されていた。大木は、さっそくソニー企業の就職試験を受けたのだった。

一九六六年四月一日、大木はソニー企業に入社する。

総合ショールームビルは「ソニービル」と名付けられ、オープン日は四月二十九日に決められていた。入社早々、大木はオープン日まで一カ月弱と迫るなか、機材の搬入を始めとする準備に忙殺される日々を送る。一方、陣頭指揮を執る創業者の盛田昭夫(当時、社長)もまた、大木たち社員に混じって連日、汗を流した。

もともとショールームビルの建設は、その年に創立二十周年を迎える記念事業のひとつとして計画されたものであった。銀座の一等地に建つ「ソニービル」は二百二十坪ほどの土地代と建設費で二十二億円、当時のソニーの資本金と同額を投じた一大プロジェクトであった。そのことからも井深大と盛田昭夫という二人の創業者のソニービルに賭ける並々ならぬ意気込みが容易に想像できる。

その過程で、大木は盛田の面識を得る。そして五年後、大木は盛田からソニー本社に呼び出され、創立二十五周年記念事業のイベント「ソニーフェア」の事務局で仕事をするように言い渡されるのだった。しかしフェアが終わっても、盛田は大木をソニー企業に戻すことはなかった。フェアの間、大木の籍は一時的にソニー企業からソニー本社広報室に移されていたが、盛田は「そのまま本社に残って、広報の仕事をしなさい」と有無を言わせなかった。

さらに五年後、盛田は大木に現地法人・ソニー米国に広報部長として赴任し、現地のPRエージェントに一任していた広報業務を「自前で」行う体制づくりを命じた。当初、大木は宣伝ならともかく「米国のマスコミや広報についてまったく分からないので、お役に立てません」と固辞したものの、最後は「社長命令」として米国赴任を言い渡される。しかし大木は、盛田の期待に見事応え、ソニー独自の「広報体制」を四年半で作り上げたのだった。

帰国後は本社のスタッフ部門から離れ、念願の事業部に移り放送業務用機器を扱うプロフェッショナル事業で仕事に励む。その間には、英国の現地法人のトップを務めるなど、大木にとって充実した現場の仕事の日々であった。

しかし一九八九年秋、大木は、社長の椅子を大賀典雄に譲り、会長に退いていた盛田昭夫から呼び出される。盛田の用件は、大木に「会長秘書役」として自分をサポートして欲しいというものであった。だが、大木は「今回ばかりは」と、頑として盛田の説得に応じようとしなかった。

ところが、ある夜、盛田は連絡もせずに目黒の大木の自宅を訪ねる。

突然の訪問に困惑する大木にかまわず、盛田は大木夫人の奈和子に向き合い、自分がなぜ大木を会長秘書役として必要としているのかを懇々と話したのだった。

「大木君は、私やソニーのいいニュースも悪いニュースも包み隠さず、話してくれる。だから、私は間違わず正しい判断ができる。ところが、会長秘書役としてサポートして欲しいという私のオファーに応じてくれない。いいニュースを持ってくる人間はたくさんいるが、大木君はソニー(の経営)に必要なニュースを全部、持ってきてくれる。そんな人は大木君しかいない。なのに大木君は、どうしても引き受けてくれない……」

盛田の本当に困り切った表情に夫人の奈和子は、「雲の上の存在」ともいうべき創業者の突然の来訪に戸惑いながらも、大木を高く評価する言葉に押されるようにして「盛田さんがわざわざ(自宅まで)見えられて、(会長秘書役に)なって欲しいと言われているのですから、お引き受けしたらいいじゃないですか」と盛田に代わって説得し始めたのだった。
こうして大木充は、盛田昭夫の会長秘書役を引き受け、以後五年ほど務める。

創業者精神をいかに継承するか

盛田昭夫の姿勢は、理想的な経営者の姿勢、あるべき姿である。しかし世の中の多くの経営者は、往々にして「耳に心地良い」話を求めがちだし、そんな気持ちを部下は忖度して都合の悪いニュースは上げなくなる。その結果、経営者を「独裁者」に変え、「裸の王様」にしてしまうのだ。

しかし盛田は、ソニーと自分にとって耳障りなニュースにも進んで耳を傾ける経営者であったようだ。こうした姿勢は、盛田が後継社長に指名した大賀典雄にも見られた。出井伸之に社長の座を譲っても「CEO」としてソニーに君臨する大賀に対し、私は「院政」を敷くつもりではないかという疑念を持った時期があった。それゆえ、たびたび雑誌などで大賀批判の記事を書いたものだった。それでも大賀は、私からのインタビューの申し込みを断ることはなかった。

あるとき、大賀インタビューのさい、私が彼に批判的であること、ソニーを批判することに対し、不愉快に思うことはないかとたずねてみた。

すると大賀は、元バリトン歌手らしく、低音の太い声でこう明確に言い切った。

「ソニーを批判すること、(大賀を含め)経営者を批判することは、あなたがたマスコミの仕事です。遠慮なさらず、どんどん批判してください。もちろん、同意できない時は私どももはっきりと申し上げます。あなたも、自分の仕事をなさってください」

大賀典雄も異論や批判に耳を傾けるだけでなく、むしろ積極的にそれを求める経営姿勢を、盛田から引き継いでいるように思える。いわゆる「ソニーのDNA」の継承である。

後のソニー社長の安藤国威は盛田が社長の時に「鞄持ち」をしながら、盛田から直接薫陶を受けた経営幹部である。その安藤の社長時代に「社長室」でスタッフを三年間務めたのが、河野弘だった。異論を排することなく部下の批判やクレームにも耳を傾ける一方、上司に対しても言うべきことは言うという河野の姿勢は、ソニーのDNAの継承を感じさせる。

創業者精神や経営理念などは、暗黙知でしか伝わらない。創業者と一緒に「時間」と「空間」を共有して初めて習得できるものだからだ。それゆえ、盛田とともに「時間」と「空間」を共有した安藤に三年間仕えることで同様に時間と空間を共有した河野もまた、ソニーのDNAの継承者のひとりと言えるであろう。

河野弘の挫折体験

では、河野弘のSMOJ社長としてのリーダーシップはどうであろうか。

「松下中興の祖」と謳われた元社長の山下俊彦にインタビューした時のことである。彼は「リーダー」という言葉は使わなかったが、「人の上に立つ」うえで必要な資質を次のように語った。

「私は、できるだけ、そういう事(人生上の挫折や仕事上の失敗など)を経験したほうがいいと思うのです。とくに失敗の経験は重要だと思います。そういう経験をしないで(組織や人の)上に立ちますとね、やはり(判断を)間違えるんです。そういう経験をしますと、他人の心の痛みが分かるのです。私は、人の上に立つには他人の心の痛みが分かることが非常に大切だと考えています。でなければ、人は動きませんし、組織がダメになってしまいます」

さらに山下は、挫折などの経験をしたうえで「そこから必死に這い上がろうとしている」か、あるいはその努力を怠らない人間であることを条件にした。言い換えるなら、どんな苦境にあっても希望を失わず、前向きに考え行動する人間ということであろう。

高校時代、河野の夢は「プロ野球選手」になることだった。

しかし地元の名門校の野球部では、河野の甲子園出場の夢は叶わなかった。そこで大学野球のメッカ、東京六大学リーグでの活躍を目指して慶応大学に進学するものの、慶大野球部には全国からハイレベルの球児が集まっていた。河野は圧倒的なレベルの差を見せつけられ、レギュラーにはなれなかった。それでも河野は途中で退部することなく四年間、野球部員として学生生活を送った。

レギュラーになれないと分かった段階で、多くの野球部員は退部を覚悟するものだ。しかし河野は諦めることなく練習に励むとともに、出場できない試合ではチームの勝利のために熱心に応援した。同じ境遇にある部員同士励まし合いながら、たえず前向きに考え行動するのが常であった。

前出の山下俊彦の言葉を借りるなら、河野は四年間の野球部生活を通じて「挫折を体験し、そこから必死に這い上がろうと努力する」とともに同じ境遇に置かれた部員(他人)の「心の痛み」を理解したのではないだろうか。

その意味では、河野弘の社長就任は「自信を失いかけていた」組織・SMOJにとっても、そして「誇りを傷つけられ、心の痛み」に苦しんでいた社員にとっても、まさに「時」と「人」を得たトップ人事であったろう。

かくして、河野に率いられた新生・ソニーマーケティングは「ソニーファンの創造」に向けて邁進することになる。

第10章

ソニーファンの創造

ソニーコンスーマーセールスの設立

ソニーマーケティング(SMOJ)社長就任以来、河野弘は社員が失敗を恐れずに挑戦することを求め、そうした行動に対し「ハシゴを外さない」と言明し、目指すべき新しいSMOJの姿を「ベンチャースピリットを持った大企業」であると提示した。

というのも、河野は「(社員の)行儀がよすぎる」ことがSMOJの大きな弱点のひとつだと考えていたからである。

「もともとソニーには物分かりが悪く、我がままで自己主張の強い人が多かったじゃないですか。常識的だと安心感はありますが、それだとブレイクスルーしないし、ソニーらしくないと思ったのです」

ソニーが変わるためには、まずSMOJから変わらなければならない。古いSMOJから一度脱却する、つまり「古さを捨てる」ところから始めなければ何事も始まらない、という強い思いが河野にはあった。

そうした思いと方針のもと、河野はSMOJの経営チームを率いていく。

じつは河野の社長就任と同時に、SMOJから新しい組織が生まれていた。SMOJには、家電量販店やソニーショップなど販売の最前線で、その店頭に立ってソニー製品の販売をサポートする営業拠点(部隊)があった。その拠点を別会社にして営業・販売に専念させる態勢を整えることで、さらなる販売力強化を図ろうとしたのである。

その新会社「ソニーコンスーマーセールス」の初代社長に就任したのは、ＳＭＯＪ執行役員常務の辻和利である。辻はソニー入社以降、国内営業ひと筋の叩き上げである。

その辻は、それまでの営業スタイルを振り返り反省の弁を込めたうえで、新社長としての抱負をこう語る。

「ソニーの伝統的な営業スタイルは、事業部から商品を受け取ったら商品説明会を行い、あとは店頭にパッと並べて売るというものでした。スペック（仕様、性能など）で他社製品よりも優れていることを説明すれば、それで売れた時代でもありました。でも（二〇〇九年に）名古屋で中部営業本部長のとき、いまのお客さんが（ソニーの）商品を受け取る思いが以前とは違ってきているなと何となく感じ始めました。スペックに対して、そのままお金をお客さまに支払っていただける時代ではなくなってきていると」

さらに、辻は言葉を継いだ。

「ネットワーク時代になって、スペックよりも商品がきちんとネットワークに繋がらなければ、商品の価値を認めてもらえない、お客様に感動してもらえない時代になった。そんな時に周波数特性がどうのとか、このカメラは何万画素ですとか説明している段階でお客様に説得力をなくしていると思いました。（ソニーコンスーマーセールスの）社長に就任したさい、商品が縦軸だとするなら、新会社は横軸のインフラになって、どんなに難しい商品が（事業部から）来ても、その商品とお客様との間で翻訳するといいますか、お客さまが受け取りやすい、つまり感動していただける会社にしたいと思ったのです」

社員全員にタブレットを配る

辻は「翻訳」という言葉を使ったが、それは辻の切実な実感でもあった。

アップルが二〇一〇年四月に「iPad(アイパッド)」を発売して以来、タブレットは瞬く間に全世界でブームとなった。それから遅れること一年半後、ソニーが対抗商品として「ソニータブレットS」を売り出した頃のことである。

辻和利は家電量販店の店員に対するソニー商品の説明、つまりプレゼンテーションにタブレットを利用しようと考えた。タブレットはパソコンに比べて立ち上がりが速いうえ、店員に説明する際に控え室などの場所を必要とすることなく、タブレットを手にしたままどこでも気軽に使えるというメリットがあったからだ。

しかし辻が実行しようとしたとき、思わぬ「壁」にぶち当たる。SMOJの家電量販店担当者にタブレットの操作を任せると、彼は使い方を知らなかったのである。それまでのSMOJでは、家電量販店の担当者であっても、もし彼がAV(音響・映像機器)商品の受け持ちであれば、同じソニー製品でもIT(パソコンなど情報系)商品に無関心であることは珍しくなかった。AV商品担当者は、他の商品を知らなくても仕事に何ら差し支えがなかったのである。そしてそれまで、そのことが問題視されることもなかった。

その時のことが、辻の頭から離れなかった。

それゆえ、ソニーコンスーマーセールス設立のさい、AV営業所とIT営業所に分かれていた従来の体制を刷新し、ひとつの組織に統合することでどちらの商品にも対応できる営業マンの育成に乗り出したのである。だから、社員に情報処理端末機としてスマートフォンないしタブレットのどちらかを持たせるという案件が持ち上がった時も、辻は迷わず社員全員にタブレットを配ることにしたのだった。

「ネットワーク時代になって、自分たちがまずユーザーにならないとお客さんに説明するにしても全然説得力がない、相手を説得するには自分たちが(製品を実際に)使ってみて理解することが大切だと思ったんです。それで、ソニータブレットを全員に配りました。そのとき、仕事ではなく個人用、つまり遊びで使ってくれと言いました。ゲームでもいいから、必ず自分専用のアプリを(タブレットに)インストールして使い倒して欲しい、と」

タブレットを一般ユーザーに売る前に、まずSMOJの社員はタブレットのヘビー・ユーザーたれ、というわけである。

ところで、辻が「仕事で使わない」と発言した意図について、少し触れておく。

タブレットのセキリュティはパソコンに比べてやや劣るため、辻は本社のサーバーに接続することを禁じた。もし仕事で使う場合は、たとえばプレゼンテーションのデータをUSBメモリー(外付け外部記憶媒体)などに移して、つまりオフラインで使用することを求めた。それは、タブレットの特性を踏まえたうえで固有の使い方を学び、そして利便性を習得して欲しいと考えたからである。

辻の試みはその後、彼が考えた以上の効果をもたらすことになった。

SMOJの営業マンが新製品のセールス活動を家電量販店で行う場合、それまでは店内の休憩所などで担当の店員が戻ってくるのを待って声をかけるところから始めるしかなかった。店員に時間的な余裕があれば、そこでPCを開いて説明を始めるのだが、待ち時間がバカにならなかった。それに対し、タブレットの操作を習得したSMOJの営業マンは、売り場に出向いてフロアの店員にはタブレット片手に説明するスタイルに変わったのだ。待ち時間も少なくなり、当然、営業マンのフットワークは良くなった。

さらに営業マンの説明自体にも、大きな変化が表れた。タブレットを開いても、それまでのようなスペックの話ではなく使い勝手そのものを、機能の素晴らしさを具体的に説明するようになったのだ。たとえば、ソニーのビデオカメラ「ハンディカム」には「空間光学手ぶれ補正」という機能が装備されている。これは三脚で固定しなくてもブレのない映像を撮れるようにしたものだが、その機能の説明をＳＭＯＪの営業マンはタブレットの画面上で手ぶれの様子とそれを補正した映像を比較して見せるようになったのである。これによって、スペックの詳細な説明をしなくても誰もが一目瞭然で理解できるため、他社のビデオカメラと比べて価格が一万円から二万円高くてもそれだけの価値があるという説得力を持った。

こうしたＳＭＯＪの営業スタイルの変化は、家電量販店のフロアに立つ店員の接客態度にも影響を及ぼした。彼らもまた、来店客に対しタブレットを使ってプレゼンテーションを行うようになったのである。

タブレットを使い慣れたことから、いやタブレットを楽しむようになってからＳＭＯＪの営業マンの説明は、製品(機能)を語るスタイルから製品の楽しみ方を語るスタイルへと変わった。たとえば、自分の部屋でひとりで見るから小型のテレビが欲しいという一般ユーザーに対しては、「個人用のテレビ」を楽しむことはテレビだけでなくタブレットでも可能であり、さらに持ち運びが自由なタブレットの使い勝手の良さも伝えられるようになったのである。

というのも、ブルーレイレコーダーとタブレットをネットワーク(家庭内無線ＬＡＮ)で繋げば、テレビ番組や録画したコンテンツなどをタブレットに送ることができるからである。その意味では、タブレットはテレビにもなり、動画サイトなどのコンテンツを映すモニターにもなるのだ。家電量販店など小売店にとって、小型テレビを売ることだけでなく「ブルーレイレコーダーとタブレット」を組み合わせて販売するという新しいビジネスが生まれた。

製品を実際に使って理解していれば、ユーザーからの要望に対して、自分の体験を交えて具体的で納得のいく対応ができる。ありふれた言い方になるが、いわゆる「お客様目線」で接客することの大切さである。

社長就任から一年後、辻はこう振り返る。

「セールスの専門会社を立ちあげて分かったことは、私たちが『売る』、つまりセールスマンの人材育成をそれまで十分にやってこなかったという事実です。接客の大切さを学びました」

時代や社会の変化に対応するには、まず自分が変わらなければならない――という当たり前のことを、辻の試みとその成果は教えている。

B2B2C市場に活路を見出す

河野弘がSMOJ社長に就任してから二カ月後の二〇一二年六月、関西の回線業者(プロバイダー)が新しいサービス事業をスタートさせた。そしてそのサービス事業をハード・ソフトの両面からサポートしたのが、SMOJである。

かつてSMOJは、一般消費者向け商品だけでなく、プロ向けの放送業務用機器の販売も扱っていた。つまり国内販売に関しては、すべてのソニー製品を扱っていたのである。その後、放送業務用機器を専門に扱う別組織が立ちあげられ、法人向けビジネスは空白になっていた。もちろん、テレビなど家電商品を法人相手に販売する「特機」と呼ばれるビジネスは継続していたが、この分野をコア事業へと成長させていくには、製品を売って終わりという従来のやり方ではネットワーク時代には通用しなくなっていた。

タブレット・ビジネスで先行するアップルを追う形で、ソニーは二〇一一年九月に「ソニータブレットS」を発売したが、出遅れは否めず苦戦を強いられていた。そんなとき、SMOJにソニー本社から関西電力系の光回線業者「ケイ・オプティコム」へのタブレット販売の商談が持ち込まれる。

「この案件は、タブレット販売後のサポートを必要とするものだから」

というのが、本社の判断であった。

たしかに、事業部から直接ケイ・オプティコムにタブレットを大量販売しても、納入後のサポートを事業部が継続して行えるシステムにはなっていなかった。

ケイ・オプティコムは関西地区に特化した光ファイバー通信事業者で、その頃は近畿二府四県と福井県の一部にサービスを提供していた。加入者数は約百四十万件で、その地域でのシェアは約二〇パーセントを占めており、トップのNTTに次ぐ第二位のポジションにあった。

SMOJの法人営業から見ても、タブレットの一括購入を万単位で期待できる魅力的な案件であった。しかしSMOJ法人営業部で担当となった統括課長の樺山拓は、ケイ・オプティコムの案件を検討していくうちに、従来のB2Bのビジネスと根本的に違うことに気づく。

「ケイ・オプティコムさんは、(タブレットという)商品を探していたというよりも、自分たちのサービス事業をどう継続させていくかという課題に一緒に取り組んでくれるビジネス・パートナーを探している——そう私は感じました。つまり、B2B(法人相手)のビジネスではなくB2B2C(法人から一般消費者相手)のビジネスモデルを一緒に考え、技術を含めサポートしてくれる相手です」

樺山によれば、B2B2Cのビジネスは、SMOJ法人営業部にとっても新しい挑戦であった。B2Bの先にC(一般消費者)を想定したビジネスは、もともとコンシューマー相手のビジネスで成功したソニーとSMOJの得意分野でもある。

ケイ・オプティコムでは、新しいサービス事業のためのプロジェクト・チームを二〇一〇年七月に立ちあげていた。技術開発本部の谷口正浩(計画開発グループ)は、その経緯をこう説明する。

「もともとケイ・オプティコムは回線のプロバイダーで、お客様の家の手前までは仕事をさせていただいていたわけです。でも光回線(敷設)の需要はだんだん飽和していきますから、回線(提供)だけのビジネスでは今後の発展は難しい。そこで『サービス』の分野を充実させていくには、もう一歩進むには『家の中へ』入っていく必要がありました。つまり、回線ビジネス+サービスということで発展を目指すことにしたわけです。ただお客様の家の中へ入るのは、ものすごく勇気がいるというか、お客様もそれぞれ事情がおありですから、ケイ・オプティコムだったらどんな入り方があるのかを考えました。そのとき、何かとジョイントして新しいサービスが必要ではないかと思いました」

さらに、新しいサービスの端末にPCではなくタブレットを選んだ理由を、谷口はこうも言う。

「すでにPC向けのサービスとして光電話や光TVなどいろいろやっていましたが、ユーザーさんからPCは立ち上がりに時間がかかりすぎるという不満が出ていました。その頃は、アップルさんのアイパッドや海外メーカーのタブレットが発売されていましたが、アンドロイド系のタブレットの立ち上がりの速さは魅力的でした。それに(操作の簡単な)タッチパネルも、次第にお客様に浸透してきていた頃でした。で、タッチするタブレットも受け入れられるのではないかと思いました」

そこで谷口たちプロジェクト・チームは、実証実験を行って顧客の反応を確かめることにした。二〇一一年六月から約八カ月間の実証実験を行ったが、採用したタブレットは日本製と韓国製の二種類だった。ただ当時、市場には七インチのタブレットしか発売されておらず、それでも谷口たちは当初は、七インチでもかなり大きいのではという印象を持っていた。しかし実証実験を始めると、利用者から「(七インチでは)画面が小さくて見にくい」や「(画面を)タッチしにくい」などの不満の声が高かった。PCやスマホと差別化したいという思いもあって、谷口たちは七インチ画面を採用したものの、改めて一〇インチ程度の画面の必要性を感じたのだった。

他方、生活情報やヘルスケアなど独自のサービス提供に対しては、利用者の反応はすこぶる良かった。谷口たちはサービス展開に手応えを覚えた。

実証実験を続けながら、サービス開始に向けての準備は進められた。

サービス提供の重要なツールとなるタブレットに関しては、どのメーカー製を選ぶかで試行錯誤が続いていた。タブレットの価格の安さで言えば、中国製が一番だったが、品質の問題や購入後のサポートに対する不安が拭えなかった。国産メーカーに限定しても当時は、ソニーを含め数社しかタブレットを販売していなかった。そこで谷口は、全社にあたってケイ・オプティコムの要望を伝えることにした。

その時のポイントを、谷口はこう述懐する。

「私たちは、別に端末(タブレット)売りのビジネスをしたいわけではなく、あくまでも端末を使ってうちのサービスを提供したいという考えでした。ですから、スペックなどは使い勝手ほどは重要視していませんでした。一番重視したのは、やはり画面サイズでした。あとは、価格ですね。私どもとしては使っていただいてからが勝負だと思っていましたので、最初の食いつきをよくしておかないとダメだと思っていました」

そのような姿勢からソニーを始め国産メーカーに提示した優先条件は三つだった。ひとつは、タブレットの画面サイズが一〇インチ程度のものであることだ。二つ目はケイ・オプティコム仕様にカスタマイズすること、三番目が価格である。どのメーカーでも最大のネックとなったのは、二番目の要望だった。

ケイ・オプティコム仕様にこだわった理由を、谷口はこう説明する。

「タブレットを立ちあげたとき、ホーム画面にうちのサービス提供のサイトが出るようにしたい。それを(工場からの)出荷段階で組み込み、お客様がクリックひとつでインストールし、すぐにサイトを利用できる仕組みが欲しかったのです。また、何らかの不具合が生じたとき、お客様が初期化されてもうちのアプリは残り、またワン・クリックすれば、同じように利用できるようになる。そのくらい簡単ではないと、家庭では使ってくれないだろうなと考えたからです」

ではどうすれば、ケイ・オプティコムの要望に応えられるのか。

SMOJの樺山は、ソニーを例にとって説明する。

「ソニーの工場から出荷されたばかりのタブレットに『キッティング』と呼ばれる処理を施す必要があります。たとえば、(パソコンの)バイオを初期化した場合、ウォークマンなどのソニー固有のアプリは消えずに残りますよね。それは、初期化しても消えない領域に(アプリを)組み込んでいるからです。このキッティングをすることが、受注する絶対条件だと思いました」

ＳＭＯＪでは、事業部の技術的なサポートを得て「キッティングセンター」を設立し、ケイ・オプティコムの要望に応える態勢を整え、他社との受注競争に備えた。

約八カ月間の実証実験を終えると、ケイ・オプティコムはＳＭＯＪと契約した。その理由を、谷口は「私たちの要望にすべて応えてくれたのは、ソニーさん一社だけでした。だから、ソニーのタブレットを選びました」と明快に答えた。

さらに、ＳＭＯＪとケイ・オプティコムは共同作業を通じて、四〇を超えるサービスをひとつのアプリですべて提供できる仕組みを完成させる。その新たなサービス事業を、ケイ・オプティコムは「ｅｏスマートリンク」と名付けた。

このスマートリンクのサイトには、利用者の相談窓口が設けられている。そしてその相談窓口の後ろには、ＳＭＯＪが専用のサポート部隊を張り付けている。タブレットを販売した後のサポート体制も、ＳＭＯＪが責任を持っているのだ。

ケイ・オプティコムからの受注の成功は、ＳＭＯＪ社長の河野弘に法人営業の新しい可能性、Ｂ２Ｂ２Ｃ市場に活路を見出させることになった。以後、河野の指示のもと、法人営業はＢ２Ｂ２Ｃの強化に乗り出していく。

サポートサービス事業

ＳＭＯＪが変われば、当然取引先も従来の相手だけでなく多方面に及ぶ。取引先が多様化すれば、当然「商品」も変わってこざるを得ない。つまり、ＳＭＯＪの「変化」は、最終的に「商品」にまで及ぶことになる。

それまでの商品が目に見える「モノ（製品）」であるなら、今後はユーザーが望む「コト（サービスなどのソフト）」を合わせて販売する態勢を、ＳＭＯＪは求められるようになったのである。

その新しい「変化」に対し、ＳＭＯＪで地道に準備を進めてきたのは、カスタマーサービス（ＣＳ）本部である。執行役員・ＣＳ本部長の坂口顕弘は、その準備と経緯についてこう語る。

「ソニーの強みは、コールセンターと修理にありました。しかし当初は、（ソニーの）各事業部ごとに窓口があったため、いろんな対応ルートとたくさんの電話番号があったわけです。それを今は、ＳＭＯＪひとつに集約しました。三十年間使い続けてきた修理業務に必要なインフラは、子会社のソニーカスタマーサービスにまとめました。これで、コールセンターも修理（業務）もワンマネジメントになりました。このことが、一番大きな収穫だと思っています」

さらに坂口は、コールセンターに持ち込まれるユーザーからの相談を通じて蓄積されたトラブル処理のノウハウを、新たなビジネス、つまり有償のサービス事業へと展開する道筋をつけるところまで進める。

「トラブルが持ち込まれたとき、その責任はユーザーにあるのか、それともメーカー（ソニー）側にあるのか、あるいは他にあるのかと明確に分ける習慣が、当時の私たちにはありました。でも私は、そのことに強い違和感を覚えて仕方ありませんでした。というのも、そんなことをしていたら（責任の所在の区分けに腐心していたら）、ユーザーの要望に応えられないからです。むしろ必要なら、（ソニーに責任がなくても）他社さんとも話し合うべきではないかと思いました。そこでの必要な姿勢は、どこまでもユーザーに寄り添うことです。もちろん、できないこともありますが、お客さんが納得するまで寄り添う、一緒に問題の解決にあたろうと思いました」

そうした坂口たちの姿勢がビジネスとして成り立ったケースとしては、パソコンの「バイオ（VAIO）」のサポートサービスがもっとも充実している。

たとえば、直営店のソニーストアでバイオを購入すれば、設定（おまかせ設定パック）から無線LAN機器を含む設置（＋オプションセット）に至るまでユーザーの要望に合わせてくれる。設置方法から他社製品を含むネットワークの設定までサポートするのだ。またユーザーの立場から見れば、そうした充実したサービスを受けるためにソニー製品を選ぶ、購入を考えるという選択肢も生まれる。

ＳＭＯＪによれば、ソニーストアでＰＣのバイオを購入するさい、有償のサポートサービスを求める顧客が増えている、という。

五つの目標

河野弘が率いるＳＭＯＪは、法人営業本部・ＣＳ本部・リテール部門（ソニーストアやソニーショップ戦略）・マーケティング（商品・宣伝、プロモーションなど）・量販営業本部（セルイン）、そして子会社のソニーコンスーマーセールス（セルアウト）の六部門で構成されている。辻ら各部門の責任者が、河野の経営チームのメンバーである。

河野と彼の経営チームを評価するにあたって、まずは社長就任以降の二年間に絞って、河野の経営方針とその実行、ならびに結果（成果）を検証してみたい。

二〇一二年四月の社長就任時、河野弘はメディアを含む社内外に対し多くのメッセージを発しているが、それらはおおむね次の五つの項目に集約できる。

一、エレクトロニクス事業およびゲーム事業の枠を超えた「ワン・ソニー」のマーケティングの実行と加速
二、ユーザー（一般消費者）が実感する価値を、ユーザーの言葉で語るコミュニケーションの徹底
三、技術力、技術的優位性を大事にする
四、ソニーファン創造のため原点に帰る
五、（SMOJを）失敗を許す、やんちゃな会社にする

内容から分かるように、五つの目標項目は単独で独立したものというよりも、むしろ連動し総合することでSMOJの「再生」を目指すものになっている。たとえば、二〇一二年中に実現した「ワン・ソニー」の好例としては、ソニーストアの店頭ではそれまで展示・販売できなかった「プレイステーション3（プレステ3）」が並べられるようになったことが挙げられるだろうし、また大手家電量販店のテレビ売場にプレステ3を一緒に展示して大型テレビの大画面をモニター代わりに使って見せるなど、それまで別々に展開されていたゲームとテレビのマーケティングを「ひとつ」にして実行できるようになったことも指摘できる。

もちろん、それらが可能になったのは、河野弘がSMOJ社長就任以降も、プレステの製造販売会社「ソニー・コンピュータエンタテインメント（SCE）」の役員として国内販売の責任者も同時に務めていたからである。

五番目を担保するものとしては、第九章で触れた二つの河野の決断――リストラをしない、管理職への昇格選考試験条件だったTOEICの撤廃――が社員のモチベーションを大いに高めたことは想

像するに難くない。

二番から四番については、河野がSMOJ社長に就任した二〇一二年当時の家電市場を振り返れば、その意図は明瞭である。

国内のAV(音響・映像機器)・IT(情報機器)市場はテレビ放送のアナログ停波(地デジ移行)と家電エコポイントの追い風もあって四兆一千億円という驚異的な市場規模を達成した二〇一〇年は別にしても、二〇〇八年、二〇〇九年、二〇一一年の三年は約三兆円の市場規模で推移している。しかし二〇一二年は二兆二〇〇〇億円程度と予測され、実際にそうなった。

主要な製品を見ても、たとえば薄型テレビ(プラズマ・液晶)は〇八年当時と比べて半値以下、パソコンやコンパクトデジカメ、デジタルビデオカメラの市場価格も半値近くまで下落していた。もちろん、高機能・高品質を誇ったソニーの製品群も例外ではなかった。液晶テレビは〇五年度からずっと営業赤字だし、その他の製品も十分な利益を出せずにいた。

家電市場全体がシュリンクしていくなか、世界有数のAVメーカーとして確固とした地位を築いたソニーといえども、国内のAV・IT市場が約二年で約半分にまで縮小した異常な状態に安穏としてはいられなかった。ソニーには、製品開発ならびに販売マーケティングの両部門の抜本的な改革が不可避であった。

その不可欠な改革をスローガンにすれば、二番から四番が相当するだろうし、もっというなら五項目が改革の背骨の役割を担っているのである。

「ソニーファンの創造」へ

その年の十二月、ＳＭＯＪは「年末記者懇談会」を開催した。全国紙や業界・専門紙、一般週刊誌など組織メディアだけでなくフリーランスの記者や編集者にも広く声をかけたメディア懇親会である。ＳＭＯＪ側からは社長の河野を始め役員および本部長、部門長など主要幹部が顔を揃えた。

河野の総括は、興味深いものだった。

一時は年間で二千五百万台を超えた薄型テレビの出荷台数も、二〇一二年には一千万台を大きく割り込むところまで落ちこむ。しかしその半面、一般消費者のニーズは大画面の大型テレビに、つまり付加価値の高い高額商品に向かうようになる。たとえば、ボリュームゾーン（売れ筋商品）のテレビは三二インチで販売台数も圧倒的に多かったが、売上高（金額）では四六インチ以上の大型テレビが全体の売上高の四〇パーセント近くを占めたのである。

こうした傾向をいち早く読み取った河野たちＳＭＯＪでは、四六インチ以上の大型テレビを中心とした販売戦略へシフトするのだ。四六インチ以上の大型テレビの領域で、ソニーの液晶テレビは当初（四月頃）、数パーセントのシェアしか獲得できていなかったが、夏のボーナス商戦、冬のクリスマスおよび年末年始の商戦へと進むにつれシェアを拡大していき、十二月には大きな結果を残す。

ＳＭＯＪ社長の河野は、複数の調査会社の市場調査の結果とソニーショップやソニーストアなどでの固有の販売台数を加えた「ソニー調べ」を発表した。それによると、四六インチから四九インチの大型テレビの領域ならびに五〇インチ以上で、各々三〇パーセント以上の市場シェアを獲得し、第一位の座を獲得した、という。

いわゆる「高付加価値商品」へのシフトに手応えを感じた河野たちは、ソニー復活には「付加価値を高評価する市場」の創出、商品力のいっそうの強化が欠かせないと判断し、国内ビジネスの進むべき方向性を「ソニーファンの創造」というスローガンに集約したのである。

そのさい、河野は「ソニーファンの創造」を担保するものとして、三つの条件を挙げた。ひとつは商品力の強化、つまり「ソニーらしい商品」の提供である。もちろん、製品開発は各事業部の責任だからSMOJの一存で、どうにかなるものではない。それゆえ事業部との綿密な協力関係、協同が欠かせない。ここにも、従来の縦組織に縛られない柔軟な対応が求められていた。

二つ目は、クロスカテゴリーへの取り組みである。

たとえば、プロモーション活動ではプレステ3を出品する東京ゲームショウにヘッドマウントディスプレイも一緒に展示し、入場者に立体感あるゲームを楽しんでもらう試みに挑戦している。それまでは一緒に展示することのなかった二つの製品を同時に体験することで、両方の製品の良さを改めて認知してもらうのである。それによって製品を強くアピールすることに成功し、自ずと販促に繋がるというわけである。

前述したように、SMOJでは家電量販店のテレビ売場にゲーム機器の「プレステ」を展示して液晶テレビ「ブラビア」との相乗効果を上げることに成功している。このような「売り場連動」も、クロスカテゴリーにあたる。また、初音ミクモデルのウォークマンを発売するとともに、初音ミクの夏祭りなどのイベントを開催したことも新しいファン層の開拓につながっている。

三番目は、CRM（カスタマー・リレーションショップ・マネジメント）活動の強化・継続である。CRMの日本語訳は「顧客関係管理」であるが、一般的には「顧客管理」や「顧客管理システム」などと呼ばれている。要するに、顧客の購買傾向や満足度などの個人情報を収集し、それに基づくマーケティングを展開することで売上高の向上につなげる取り組みのことである。

河野がCRMで大きな期待を寄せるのは、直営店「ソニーストア」を舞台にしたソニーファンとダイレクトに結びついた活動である。たとえば、ソニーストアの顧客を本社のショールームに招待し、開発エンジニアとの懇談の場を設けることなどである。懇談の場では、エンジニアの口から直接、開発した製品の見所や開発の苦労話などを聞くことができるためソニー製品及びソニーに対する理解や親近感を深めることになる。また、パソコンの「バイオ」の製造工場の見学なども実施している。

こうした交流を通して、ソニーストアの顧客は「ソニーファン」へと導かれていくのである。

高付加価値路線への回帰

かくして河野弘は、社長就任一年目でSMOJが進むべき道として「ソニーファンの創造」に確かな手応えを感じた。次の課題は、それを一時的な現象に終わらせるのではなく日々、実現に向けて努力を重ね、そして毎年着実に具現化していくことである。

そのためには、河野たちは国内市場での厳しい商戦を勝ち抜くための「武器」を必要としていた。ここでいう「武器」とは、ソニーの独自技術に裏打ちされた画期的な製品、そして市場を牽引する魅力的な商品、つまり「ソニーらしい商品」のことである。一般消費者が買いたいと思う製品を、ソニーが提供できなければ、いくらSMOJが販売に尽くしても限界があるからだ。

社長二年目の二〇一三年、河野たちに新しい「武器」を手にするチャンスが訪れる。

テレビは、長らく「家電商品の王様」と呼ばれた大型商品であり、稼ぎ頭でもあった。しかし中国や韓国などの新興テレビメーカーの台頭によって、世界のテレビ市場は大量のテレビであふれ、価格競争が激化していった。そこで中鉢社長時代のソニーは、大量販売による利益確保へ方針転換し、ハイエンドの開発を止めて廉価なテレビの製造販売に乗り出したのである。

そのために、ソニー独自の高画質技術・DRCの搭載を中止してまでコストダウンを図るのだが、その程度では世界的な低価格競争に太刀打ちできるはずはなく、ボリュームゾーンは韓国や中国・台湾のテレビの独壇場となった。つまり、ソニーではテレビを作れば作るほど赤字になっていったのである。

そこで新しく誕生した平井体制では、それまでのテレビ開発を見直し、原点に立ち返る「高加価値化」路線へと舵を切り替える。要は、高機能・高品質の製品開発というソニーの「もの作り」に戻るのである。

二〇一三年四月、ソニーとSMOJはデジタル高画質技術・DRCを改良した独自の高画質技術「X-Reality PRO（エクスリアリティ・プロ）」を全機種に搭載した液晶テレビ「ブラビア」四シリーズ八機種を発表した。また同時に、4K対応の液晶テレビ「ブラビア」も二機種発売予定であることを重ねて発表したのだった。

4Kとは、フルHD（一九二〇×一〇八〇画素）の四倍の高解像度を持つ映像のことである。テレビの歴史は、その誕生から「高画質」と「大画面」の実現を目指し続けた歩みでもある。視聴者からいえば、もっと美しい映像を見たい、もっと大きな画面で楽しみたいという尽きることのない要求の実現である。

「大画面」は薄型テレビ（液晶・プラズマ）の登場で実現され、HDに次ぐさらなる「高画質」の実現が4K（映像）であった。

しかしソニーでは、中鉢社長時代の低価格路線の後遺症で4Kテレビの開発に出遅れていた。先行していたのは東芝とシャープの二社で、両社はすでに4Kテレビの販売に踏み切っていた。出遅れたとはいえ、SMOJにすれば、ようやくテレビ商戦で互角に戦える「武器」を手にしたという意味では、4Kテレビのビジネスは「これからだ」という気持ちであったろう。

さらに、河野たちが進める高付加価値路線に追い風が吹く。

それは「ハイレゾ」と呼ばれる、音楽用CDのクオリティを超えた高音質を実現した楽曲の登場である。ハイレゾ対応の楽曲(コンテンツ)とオーディオ機器は、新しい市場を創り出しつつあった。SMOJは、九月にはハイレゾ対応のウォークマンの発売に踏み切るなどオーディオ機器の品揃えを整えていった。

世界有数のAVメーカーとして「復活」するためには、ソニーとSMOJは「ハイレゾ」(A)と「4Kテレビ」(V)という二つの大型製品をヒット商品に育てていく必要があった。そのためには、一般消費者にまだ馴染みのない二つの大型商品の良さをどのように伝え、そして楽しみ方をいかに教えるかが急務であった。創業者の盛田昭夫のいうところの「ソニーのマーケティングはエデュケーションである」を、まさに実践することである。

そして「エデュケーション」の拠点となったのは、直営店のソニーストアである。

ソニーストアには「小売店」と「ショールーム」という二つの機能・役割があった。しかもたんなるソニー製品の展示に止まらず、ソニーストアの顧客を対象にしたセミナーやイベントなどを始め様々な企画を立案し、定期的に開催する活動も同時に行っていた。

たとえば、人気の高い高級デジタル一眼カメラのαシリーズの購入者や購入予定者を対象にしたカメラ教室や、新製品の機能説明だけでなく楽しみ方などを指導・アピールするイベントの開催である。なお、こうした長期的なサポートによって、ソニーストアの顧客をソニーファンへ育てていくことも大切なミッションであった。

４K体験会

そんなソニーストアの地道な活動が、時には一店舗の枠を超えて大きなビジネスへと発展することもある。

その年の六月中旬、ソニーストア大阪で、ある体験会が開かれた。二店のソニーショップが主催する体験会で、日頃の感謝を込めた得意客約五十名を招待した関西地方への観光旅行を兼ねた商談会でもあった。ＳＭＯＪでは、発売したばかりの４K液晶テレビ「ＢＲＡＶＩＡ（ブラビア）」（五五インチ、六五インチ）をどのように売るか、その適切な方法を思案していた頃であった。

そこでＳＭＯＪは、ソニーストア大阪の体験会では「４K体験セミナー」を開催して、得意客の反応を見ることにしたのだった。当日は、東京のＳＭＯＪ本社からソニーショップ推進課の光成和真（統括課長）が体験会の様子を見るため、ソニーストア大阪の会場に顔を出した。

なお光成は、第四章で取り上げた中国支店改革時のメンバーで、その後は活躍の場を本社のスタッフ部門に移していた。

光成和真は、ソニーストア大阪の４K体験セミナーの部屋に入った瞬間、「あ、これだ。４K（テレビ）の売り方は」と思った、という。

セミナーの部屋には、五五インチの4K液晶テレビ「ブラビア」と並んで、紙焼きした写真が展示してあった。紙焼きの写真はテレビ画面の半分の大きさしかなかったが、画質を比較するには十分だった。光成は慎重に比較して見たものの、同じ画像なのに紙焼きよりも4Kテレビの画面のほうが綺麗に見えた。

「4Kのコンテンツに写真を利用するやり方は、昨年発売した八四インチの4Kテレビの時にも使いました。でも紙焼きの写真と(4Kテレビの画像を)比べたのは、初めてでした。そのとき、これならソニーショップでもできるのではないかと思いました」

フルHDの四倍の高解像度の映像の美しさを一般ユーザーが実感できなければ、4Kテレビを購入する意味がない。しかし当時、動画の4Kコンテンツは不足していた。テレビの4K放送は始まっていなかったし、4Kで制作された映画作品もなかった。身近な素材を利用して、誰もが高精細な4K映像を楽しめなければ、どんなに営業・販売(部門)が頑張ったところで、4Kテレビが売れるはずはなかった。

光成は東京へ戻ると、さっそく4K体験セミナーの様子を自らの体験を踏まえてレポートにまとめた。同時に他の関係部署との情報共有のため、彼はソニーコンスーマーセールス執行役員の畑井尚也(関東支社長)にも報告した。

コンスーマーセールスは前述した通り、SMOJの子会社として設立された家電量販店など全国の家電小売店をサポートする会社(実働部隊)である。つまり、セールスのプロ集団なのである。

畑井は、光成のレポートに興味を持った。

翌週にはソニーストア大阪に出向き、光成の報告内容を再度確認したうえで、さらに畑井は4K体験会当日の参加者を始め、その後の来店客の反応もソニーストア大阪から聞き取り調査を行った。その中には、いくつかの課題も含まれていた。

そのひとつに、畑井は注目した。

それは、4Kテレビをテーブル等に設置するのではなく「壁掛けテレビ」にして、その横にテレビ画面と同じサイズの紙焼きの写真を並べて比較できるように展示して欲しいという要望であった。

畑井にとっても、得心のいく要望であった。そこで彼は、関東支社が担当する系列店「ソニーショップ」から有力店を三店舗ほど選び、ソニーストア大阪の試みを紹介するとともに4Kテレビを「壁掛け」にして展示する方法などを一緒に提案したのだった。

それに対するソニーショップの反応は——。

「一番反応が速くて良かったのは、（長野県）松本の『森川デンキ』さんでした。連絡したのは六月末だったのに、七月上旬には壁掛けで展示された4Kテレビと、その横には写真の紙焼きが三種類揃えて並べられたコーナーが完成していました。展示された写真は私ども（ソニー）が用意したものではなく、森川デンキ主催の写真コンテストなどに応募されたお店のお客さんが撮られたものでした」

森川デンキでは、わずか一カ月の間に4K対応液晶テレビ「ブラビア」（五五インチ、六五インチ）を十数台も売り上げた、という。

森川デンキを訪ねる

この旨を知らされたとき、私は正直なところ、信じられなかった。

いくら4Kテレビの高画質を体感しやすいコーナーを新しく作ったからといって、それだけですぐに売れるとは思えなかったからだ。ソニーが販売している4K・ブラビアでは最高機種の八四インチが百八十万円近い高額商品なので、それと比較すれば、五五インチの五十万円台、六五インチの七十万円台は手頃な価格と言えるかも知れない。しかし一般消費者が個人で購入する場合、五十万円はけっして「安い」価格ではない。

その安くない価格の4Kテレビを、森川デンキではどのようにして約一カ月という短期間に十台以上も販売することができたのだろうか——私の疑問は膨らむ一方だった。そこで私は、自分の目で直接確かめることにした。

壁掛けにした4Kテレビ「ブラビア」と紙焼き写真

初秋、私は森川デンキを訪ねた。

関東支社長の畑井尚也は「松本(市)の森川デンキ」と紹介したが、ソニーショップ「森川デンキ」の店舗は塩尻市にあった。正確に言うと、JR篠ノ井線の松本駅と塩尻駅のほぼ中間に位置し、最寄りの広丘駅からは約一キロの距離。最寄り駅から徒歩で店まで行けないこともないが、来店客のほとんどはクルマを利用していた。

なお、篠ノ井線は長野県の県庁所在地・長野市と中部の松本市、塩尻市、安曇野市の三都市を結ぶ連絡線の役割も果たしている。

私は、松本駅からクルマで森川デンキへ向かった。

国道十九号線を塩尻方面にしばらく走ると、少し脇道に入った道路沿いに「森川デンキ」の看板とともに平屋建ての店舗が見えてきた。その一角には森川デンキの社屋しかなく、家電量販店でいえば、ロードサイド型（郊外型店舗）と呼ばれる立地である。

店舗の正面横には「４Ｋ対応液晶テレビ　ＢＲＡＶＩＡ」と「ＶＡＩＯパソコン」、「デジタル一眼カメラαシリーズ」の垂れ幕が三本取り付けてあった。この垂れ幕からも森川デンキが４Ｋテレビの販売に力を注いでいることは、私にもすぐに分かった。

玄関を入ると、デジタル一眼カメラαシリーズを中心にしたカメラ・コーナー、ウォークマン・コーナー、ＶＡＩＯパソコン・コーナーの売り場が目に入ってきた。周囲を見渡すと、一番奥の窓際には、六五インチの４Ｋ・ブラビアが設置された視聴コーナーがあり、その前には大型のソファが置いてあった。

その横には、森川デンキの顧客が撮影した写真の展示コーナーが続く。森川デンキ主催の写真コンテスト以外にも、メーカー主催のコンテストで受賞した作品も展示されていた。森川デンキには、かなりの数のカメラファンが常連客、得意客として定着しているのだなと思った。

写真展示コーナーの先に目指す「壁掛け４Ｋテレビ」と紙焼きした写真を比較するコーナーがあった。五五インチの４Ｋブラビアを壁掛けテレビにした横には、ほぼ同じサイズの紙焼きした写真が左右に三点、展示されていた。横に並べることで紙焼きした写真と４Ｋテレビの画質と比較しやすくなっており、たしかに臨場感を感じる４Ｋテレビの画像のほうが綺麗に見えた。

森川デンキ社長の森川正義によれば、当初は４Ｋ・ブラビアがモニターとして利用できることを、一眼カメラαシリーズの得意客に紹介していた、という。

「(五五インチと同サイズの写真の)紙焼きは、一枚三万円はします。二十枚作れば、それだけで六十万円です。その費用で、4Kテレビが一台、買えてしまいます。紙焼きの場合は、その都度お金がかかりますが、4Kテレビは一回お金を払って買えば、それで終わりです。あとは、お金がかかりません。あなたは、どちらがいいですか——といった話をしました。熱心なカメラファンは、自分が撮った写真を紙焼きにして他人に見せたい人たちばかりですから、このトークは受けましたね。最近は、お客さんからまた同じことを言っていると冷やかされますので、もう変え時かなと思っています」

と笑いを交えながら、森川は「してやったり」という表情をした。

得心のいく森川の説明ではあったが、それでもなお、私の疑問が完全に氷解したわけではなかった。というのも、4Kテレビを購入する熱心なカメラファンを、森川デンキはどうやって常連客、ないし得意客にすることができたのかという疑問がまだ残されていたからである。

駅前から離れ、東芝の系列店から「ソニーショップ」へ

森川デンキは、森川の父親が一九七二(昭和四十七)年五月に有限会社として設立し、塩尻市の広丘駅前に店舗を構えたところから始まる。いわゆる「パパママ・ストア」で、田舎町の小さな家電販売店であった。その後、東芝の系列店になるものの、系列の縛りが強くなかったこともあって、日立やシャープなど他社製品であっても売れる商品は何でも販売してきた。

森川正義は首都圏の大学に進学し、電気を学んだ。しかし大学三年の夏、母親が持病の心臓病を悪化させ倒れたため、帰郷して母親に代わって店を手伝うことになる。森川は店の仕事をしているうちに、「店を継ぐなら学歴は必要ない」と考えるようになった、という。森川が二十五歳のとき、父親

森川正義氏

から店の経営を引き継ぐ。ただし肩書きは「専務取締役」のままであった。森川によれば、「(会社といっても)父親と二人ですから、意見の対立があっても押し切ってやっていきました」と実質的には社長も同然であった。

そんな森川にとって、店の仕事をすればするほど、不合理なことばかりで不満が募っていく日々であった。まず駅前の店舗には駐車場のスペースがないこと、駅前の繁華街に店を構えていたことから客の出入りが激しいコンビニ等が近くにあったことだ。そのため冷やかしで森川デンキの店舗に入ってくる人も多く、その対応に追われて、製品に関心があって購入が目的の来店客に十分な接客ができなかったことである。

また森川自身は、森川デンキを冷蔵庫や洗濯機など白物家電も扱う「町の電気店」からAV商品中心の品揃いの店に変えたいと思っていた。それは、東芝の系列店を離れて「ソニーショップ」に生まれ変わることを意味した。

父親は駅前から離れることも、ソニーショップになることにも大反対だった。駅前という立地の良い場所を離れること、東芝という総合電機メーカーの系列店を止めることは死活問題だと思えたのである。ここには、町の電気店を取り巻く時代の変化に対する親子の認識の違いがあった。

しかし森川は、父親の反対を押し切って二つを実行する。

「店を継ぐ条件として、父親には『(継いだ後)店を潰すことになってもいいか、潰してもいいか』を認めてもらってから大役を引き受けていましたし、反対といっても(潰すことを)認めてくれたわけです。潰すかも知れないというリスクをとってやらないと、いずれ店の経営は行き詰まると思っていました。ただ移転するさい、父親は費用を一切出さないと言い出しましたので、必要な資金を金融機関から借りました。かなり借金しましたよ」

森川は、愉快そうに話した。

ところで、森川がソニーショップにこだわったのは、彼が熱烈な「ソニーファン」であり、オーディオファンだったからである。

ソニーは携帯音楽プレーヤー「ウォークマン」を一九七九年七月に発売するが、森川はウォークマンに触れたとき、デザイン、使い勝手、作り具合……何から何まで自分を満足させるものばかりだと感心し、開発したソニーを「すごいメーカーが日本にもあった」と虜になったのだ。つまり、ウォークマンとの出会いが、森川をソニー製品とエレクトロニクスメーカー・ソニーのファンにしたのである。そしてウォークマン体験は、彼をオーディオ機器全般に対する強い関心へと導いた。

客を選別する店

一九九四年、森川デンキは広丘駅前から吉田地区の駐車場を持つ新店舗に移転、リニューアル・オープンした。森川は新店舗の営業方針を「中古品の修理と買い取り・販売、ソニー製品の販売」の三本柱にしたという。

「駅前の店舗時代からソニー製品の品揃えを増やしていき、それが売れました。ところが、ある時期からがくっと売れなくなったのです。どうしてかなと調べたら、古くなった製品を使い続けたり、故障すれば修理に出していたわけです。それで中古品の買い取りを始めました。古い製品を買い取ることで、新しい製品を買いやすくしたのです。また修理も、森川デンキで引き受けるようにしました。お客様の中には、代金は要らないから、とにかく中古品は邪魔なので持って行って欲しいという要望もありました。そんな場合、修理して（中古品として）売れば、仕入れはゼロですから売り上げがまるまる儲けになります」

たしかに森川の言う「三本柱」は、理に適ったものだった。

新店舗の商圏は、松本市（人口約二十四万人）と塩尻市（同、約七万人）である。両市を合わせた人口約三十万人の商圏は、ＡＶ商品に特化した品揃えの新店舗にとって大きいものではない。ソニー製品の販売以外にも修理と中古販売を収益の柱にすることで、経営はたしかに安定する。地方都市で生き抜く小さな家電販売店の知恵である。

しかしそれらは、いわば公式の店舗政策である。

駅前から交通アクセスの悪い現在の場所に移転した本来の狙いは、ＡＶ製品に関心があってソニー製品が好きな顧客に店として十分な、そして納得のいく接客をすることであったはずである。その点について、森川に改めて確認した。すると彼の返事は、きわめて明快だった。

「森川デンキでは、お客様を選別させていただきます。本当にオーディオやカメラ、テレビなどＡＶ製品が好きで、お店で十分な説明を受けて納得してから購入したいというお客様だけを対象にしています。現在、男性店員がＶＡＩＯとカメラを担当し、私はオーディオと中古品の修理・販売の担当です。女性二人に事務とアシストを任せているので計四名で店を運営しています。人手にも限りがありますから、当然、対応できるお客様の数も限られます。ですから、心から製品が好きで、ソニーファンのお客様が得心される対応をしたいと考えたら、お客様を選別するしかないのです」

さらに、こう付け加えた。

「もちろん、森川デンキが魅力のある店でなければ、誰も来てくれません。私は『松本のソニーストア』を目指し、ソニーストアと比べて遜色のない品揃えに努めています。たとえば、ソニーの大ヒット商品、デジタル一眼カメラαシリーズの交換レンズを全種類揃えています。ソニーストア以外で交換レンズを全種類揃えている店は、きわめて少ないと思います。ボリュームゾーン(売れ筋商品)中心の品揃えにはしていません。商品の本物の価値を知っているお客様を相手にしたいので」

それゆえ、森川デンキでは来店客との価格交渉(つまり安売り)はしない。来店客が値引きを求めた場合、道路を挟んで見える大手家電量販店のチラシを渡し、そこで安い値段で欲しい商品を買うように勧めるのである。そのために、前もって大手家電量販店のチラシを集め、売り場のデスクの上に置いているのだ。

そこまでする理由を、私は森川に訊ねずにはいられなかった。

「製品の良し悪しではなく価格で選ぶお客様は、安ければどの店でもいいんです。森川デンキでなくてもいいんです。それに町の電気屋が家電量販店と価格(安売り)で勝負しても、(仕入れ値が違うから)絶対に勝てません。ですからお客様が値引きを言い出されても、(値引きをしないので)相手をする時間が無駄になります。貴重な時間を無駄にしたくないから、チラシを渡すようにしたのです。安い商品が欲しいのなら、前の家電量販店へ行ってください、と」

ソニーファンのサロンをめざす

私は、店内を少し見学させてもらった。

部屋の隅に掛けられた「中古ストッカー」のプレートが気になり、その部屋を覗いてみた。狭い部屋にはスチールの棚が所狭しと組まれ、棚には国内外の中古のオーディオ製品やその部品類が溢れんばかりに積まれていた。

海外のオーディオメーカーでは、アメリカの「バトラー」のプリメインアンプやスピーカー、ステレオセットがあった。とくに真空管アンプでは、バトラーは四半世紀以上の経験を持つ老舗だ。「トライオード」からはCDプレーヤーやプリメインアンプなどが展示されていた。いずれの商品も、オーディオマニアには垂涎の的である。

その隣は「ソニー　ハイレゾリューション　オーディオ」コーナーだった。

いや、オーディオ・ルームといったほうが適切かも知れない。リラックスして聴けるようにオーディオ機器の前には、大型のソファー等が設置されていたからだ。ソニー製のハイレゾ機器だけでなく、JBLやヤマハなど国内外の有名メーカーの大型スピーカー、ティアックのオープンリールの大型テープレコーダー、いろんなメーカーのレコードプレーヤーなどアナログ機器も配置されていた。

おそらくオーディア・マニアにとっては、夢のような空間だったに違いない。

新しさに興味を引かれるだけでなく、私は「懐かしい」気持ちに浸りながら、店内の様子を見て回った。最後になって、社長の森川がどうしても見て欲しい場所があるといって私を店内の一角に案内した。

ガラス扉を開くと、そこは木製の長机と椅子、ガラス製の丸テーブルが置かれた洒落た空間だった。丸テーブルの脇には、なんとパラソルまで設置され、椅子の横には円筒の灰皿まで備えられていた。まるで、テラスである。私は当初、従業員たちの休憩所なのかと思った。しかし森川によれば、来店客に開放されたスペースで、コーヒーメーカーで煎れる本物のコーヒーが無料でサービスされている、という。

「とにかくお客様には、森川デンキに来たら納得がいくまで製品を見て、私どもから十分な説明を受けて、心から楽しんで帰って欲しいのです。疲れたら、この場所でコーヒーを飲みながら休めばいい。来店客同士で、好きな製品の情報交換をしたりする場として利用されてもかまいません。話が盛り上がって親しくなったお客様同士で、たとえばカメラのサークルなどを作られて楽しまれるのもいい。また森川デンキに来たい、(製品を)買うなら森川デンキで買いたいと思われる店にしたいと思っています」

森川の話を聞きながら、彼は要するに、自分の店をAV製品が好きで集まってくる来店客のための「サロン」にしたいのだと思った。もっというなら、VAIOが好き、デジタル一眼カメラのαシリーズが好き、ウォークマンが好き、液晶テレビの「ブラビア」が好き……つまり、ソニーファンやその可能性のある来店客が集まってくる「サロン」にしたいのだと。

SMOJが掲げる「ソニーファンの創造」という目標は、ここソニーショップ「森川デンキ」ではすでに実践されていたのである。森川が考えた「顧客を選別する」新しいソニーショップの在り方は、森川デンキ独自の「ソニーファンの創造」方法と言えるかも知れない。

ピンチをチャンスに変える思考

もちろん、ソニーファンにソニー製品を販売するだけでは、森川デンキの経営は決して安泰とはいえない。経営安定のため森川は、ソニー製品の販売のほかに、修理業と中古製品の買い取り・販売の二つを収益の柱と考えていることは前述した通りである。それでも森川の「三本柱」で、今後も業績の伸長、経営の安定化は可能であろうか。

森川は、こんな秘策を出す。

「事業の拡大という意味では、中古製品の買い取りと販売の強化・拡大を考えています。専門店舗を今後、(塩尻市と松本市に)数店舗は出店したいと思っています。いつになるのか、具体的な計画はまだ先になりますが、利幅が大きいのが魅力です。修理業も新たな投資の必要がありませんから、続けたいと思っています」

さらに森川は、個人的な見方ですがと断って、家電ビジネスの将来を語った。

「いまはまだいいですが、そう遠くない将来、ソニーファンのお客様でもソニーから新製品が出るからといって、そのたびに買い替えることはしなくなると思います。デフレと少子高齢化が進むでしょうし、買い替える余裕がなくなるのです。つまり、買いたくも買えない、買い控えする必要に迫られるようになります。

そこで私は、森川デンキで購入したソニー製品の下取りをして、新製品を買いやすくすることが大切になると思っています。別の見方をするなら、新製品の価格から下取り価格を引いた額が、お客様が購入したAV製品を楽しんだ費用になるわけです。これからは、製品を所有するのではなく、レンタルしてその期間を楽しむというスタイルに変わっていくのではないでしょうか」

たしかに、そんな社会・時代が来れば、中古品の買い取りと販売もしている森川デンキにとって、未来は明るいものになるだろう。森川と話をしていると、前向きな思考ばかりで楽しくなる。彼の性格もあるのだろうが、ピンチをチャンスに変える思考は経営者にもっとも大切な資質だと改めて認識させられた。

大事なのは店員に「売りたい」と思わせること

ソニーコンスーマーセールス執行役員の畑井尚也(関東支社長)は、森川デンキの成功を「4K＋α」の組み合わせに見出した。デジタル一眼カメラは三十万円以上はする高額商品である。その高額商品を購入する層なら、4Kテレビの購入もスムーズに進むのではないかと考えたのである。

ただちに畑井は森川デンキの成功例を全国のソニーショップに紹介するとともに、他方、SMOJでは家電量販店等にもデジタル一眼カメラのユーザーへの売り込みを提案したのだった。

このような経過を経て、ソニーストア大阪で始まった4Kテレビ「ブラビア」の販促への取り組みは、全国へ広がっていったのである。その年の年末までにソニーの4Kテレビは、国内の4Kテレビ市場で約六割のシェアを占めるまでになったと言われる。

この全国展開への成功は、SMOJ社長の河野弘の掲げた「ソニーファンの創造」という目標がSMOJグループ全体に浸透し、それに向けて全体で統一行動がとれるまでになったことの証明でもあった。そうしたSMOJの変化は、家電量販店側でも感じとっていたようである。

そのころ、大手家電量販店「ビックカメラ」の有楽町店の店長・塚本智明は、SMOJの変化を率直に認めた。

「ここ一、二年で(SMOJは)すっかり変わったね。営業もよく(有楽町店に)来るようになったし、(ビックカメラ側に)提案を積極的にするようになった」

そのうえで、有楽町店で自ら体験したエピソードをひとつ披露した。

液晶テレビは大画面化（大型テレビ化）が進むと同時にデザインが優先されるようになり、スピーカーは小型化され画面下に取り付けられるスタイルに変わった。当然、大型液晶テレビの音響効果は劣化し、映画作品など高画質と高音質で楽しむ番組の視聴環境は最悪になってしまう。というのも、高音質であれば、その音響効果によって高画質の画像がさらによく見えるようになるからだ。

そこでソニーでは、視聴環境の改善のため別売りで「バー・スピーカー」を開発し、テレビ台に備えれば、高音質な環境を担保できるようにしたのである。その製品の説明会をＳＭＯＪでは、家電量販店各店に呼びかけて開催した。その呼びかけに応じて出席したひとりが、ビックカメラ有楽町店長の塚本である。

説明会では、バー・スピーカーを開発したエンジニアが開発の経緯や製品に込めた自分の思いなどを、お世辞にも饒舌とは言えないものの、訥々とではあるが一生懸命に心を込めて話した。塚本はエンジニアの話を聞いているうちに「この製品を是非、売りたい」と思うようになった、という。

さらに塚本は「これだ」と思い、ＳＭＯＪの営業に有楽町店のバックヤードで従業員にも同じ話を開発者の方にしてもらえないだろうかと打診したのだった。

後日、ビックカメラ有楽町店のバックヤードで同様の説明会が開催された。説明会が終わると、塚本は説明に立った開発エンジニアに店員と一緒に売り場に立ってくれないかと頼んだ。つまり、店頭で一緒にバー・スピーカーを売って欲しいというのである。

開発エンジニアは二つ返事で応じると、説明会同様、けっして饒舌とは言えないが、開発の狙いやどのような思いが込められた製品なのかを来店客に熱く語った。

「そのとき、バー・スピーカーがメチャクチャに売れました。私は後方にいて、開発者の方の話し方やお客さんとの接し方などを勉強させていただきました。というのも、開発者の方と同じ気持ちを私たちの現場でも活かせたら、もっと製品は売れるのではないかと思ったからです」

そう当時を振り返ると、塚本はさらに言葉を継いだ。

「結局、商品を売るためには、売り場に立つ店員に『この商品を売りたい』と思わせることです。つまり、売れる商品とは店員が『売りたい』と思った商品なのです」

家電エコポイント(二〇〇九年五月～二〇一〇年三月)の終了、二〇一一年七月のアナログ停波(地上デジタル放送への完全移行)によって、家電業界は需要の先食いをしたため、家電製品が売れない時代を迎えていた。メーカーも家電量販店など小売店も厳しい経営が続き、少しでも売り上げを伸ばすために腐心していた時期であった。

しかしビックカメラ有楽町店の取り組みが示すように、家電製品を「売れる商品」にすることはそれほど難しいことではなく、意外にシンプルであった。要するに、当たり前のことを当たり前にすることなのである。

百人以上のエンジニアを主要家電量販店に派遣

塚本は、外から見えるＳＭＯＪの変化については、こうも指摘した。

「ソニーは営業と事業部の関係がうまくいっているなと思った。私がいくら開発者やエンジニアに(店まで来て)説明して欲しいと思っても、ソニーの営業が普段からそういった提案を口にしていなかったら(ソニーの営業には)頼めません。いま営業は、よく提案をするようになりました。つまり、事業部に頼めば(開発者やエンジニアの派遣に)応じてくれるという信頼関係ができているからです」

塚本の「ソニーの営業」とは、SMOJのセールス専門子会社「ソニーコンスーマーセールス」の社員のことである。初代社長の辻和利には「セールスの専門会社を立ちあげて分かったことは私たちが『売る』こと、つまりセールスマンの人材育成を十分にやってこなかったということです」という強い反省の思いがある。それゆえ、事業部との相互連携にも熱心で、社長就任直後から本格的に取り組み始め、「販売と製造」という二つの現場の連携はスムーズになり、盛んになっていた。

たとえば、家電量販店にエンジニアが出向いて4K液晶テレビ「ブラビア」に込めた思い等を説明する取り組みを進めていたとき、現場のエンジニアから「販売の手伝いもしたい」という動きが生まれた。そのさい、辻とSMOJ執行役員の粂川滋（マーケティング担当）の二人は、「販売の手伝いをしたい」という現場のエンジニアの声をすぐに取りあげ、彼らのリーダーシップのもと全国展開に踏み切ったのだった。

4K・ブラビアを製造している工場「稲沢テック」などから延べ百人以上のエンジニアを、主要家電量販店の各店舗に派遣したのである。しかも一人のエンジニアが同じ店舗に約一カ月間は通ってサポートする態勢をしく徹底ぶりであった。

粂川は、その意図をこう説明する。

「高額な4Kテレビを売るには、売り場をどう整備するかが大切でした。なかでも流通（家電量販店など）の方々に『売りたい』という気持ちになっていただくことが、もっとも重要でした」

粂川は国内と海外の営業経験が半々で、4Kブラビアの市場導入時からマーケティングの担当を務めていた。

粂川によれば、家電量販店への働きかけはきちんと段階を踏んで進められている、という。

「ソニーの方針を量販トップの方々に伝えるさい、段階を置いてやりました。(4Kブラビアの)八四インチは、本当に限られた店舗でやらせていただきました。今年(二〇一三年)の三月には、トップ・テンの量販法人のトップの方々に集まっていただき、テレビ事業部長の今村(昌志)から事業戦略を説明させていただくとともに、わたしたちSMOJのマーケティングの熱い思いも伝えさせていただきました」

さらに、こうもいう。

「すでに私たちは『高付加価値戦略』をさまざまなカテゴリーで展開していましたので、4KブラビアでいよいよJ本格的な展開に入ったということをお伝えした時も、(量販トップの方々からの)理解は早かったです。五〇インチ以上(の液晶テレビ)で単価の高い商品をしっかり売っていただくという方向が昨年(二〇一二年)からできていましたので、それを踏まえて、いよいよ4Kテレビのブラビアが登場しましたという感じで話をさせていただきました」

全階に4Kブラビアを展示

他方、家電量販店側でも、SMOJからの働きかけを「受け身」で対応するだけでなく、そこから独自に展開し、大きな成果を得ている店舗も出てきていた。ソニーが4K液晶テレビ・ブラビアを発売した当初、もっとも台数を多く売った家電量販店のひとつに「エディオン広島本店」(旧デオデオ本店)の本館と新館の二つの店舗があった。

広島を中心に中国地方を営業基盤とした家電量販店「デオデオ」が、二〇〇二年に中部地方を基盤とする家電量販店「エイデン」と経営統合するが、その時に設立されたのが持株会社「エディオン」

である。

エディオン広島本店の二つの店舗は、どちらも地下一階地上十階の建物だった。

この店舗にも、ソニーからエンジニアが派遣され、約一カ月にわたって技術面を始め4Kブラビア販売のためのサポートを行っている。たとえば、新館の七階は「カメラのフロア」でデジタル一眼カメラを始め各メーカーの製品が揃っている。エスカレーターで上っていくと、七階の入り口には4Kブラビアが展示されていた。ソニーストア大阪の成果「4Kテレビ+α」が、ここエディオン広島本店でも取り入れられていたのだ。

しかし他の家電量販店と大きく違うのは、カメラのフロア以外でも、つまり全階に4Kブラビアが展示されていたことだった。どういうことなのかと売り場の人に訊ねると、エディオン広島本店ではフロアやコーナーではなく、全館挙げて4Kブラビアの販売に取り組んでいるからだという。

たとえば各フロアでは、来店客からの質問等に備え、ソニーから派遣されたエンジニアを先生役に4Kブラビアの機能や取り扱い方などの勉強会を続けており、この勉強会によって4Kブラビアに関してはテレビ売り場の店員と遜色なく対応できるようになっているというのだ。

たしかに利幅の大きい高額商品を全館で販売するという姿勢は正しい。しかし全館で対応する態勢をしいたからといって、それが「売り上げ」に即結びつくものであろうか。そんな私の疑問に対し、高級時計や宝石類などのブランド商品を扱っている宝飾売り場のあるフロアでは、4Kブラビア発売から一カ月で数台を売り上げた事実が提示された。

宝飾売り場のレジの後ろの壁には、4Kブラビアが「壁掛けテレビ」として設置されていた。高級時計の購入を決めた来店客がレジで代金の支払いを行っていると、店員の後ろにある壁掛けテレビの

4Kブラビアに気づく。そこで興味を持った来店客は、宝飾売り場にどうして大型の壁掛けテレビが設置されているのかと訊ねる。

売り場の店員は、学んだ知識をフル活用して4Kテレビの画質のよさ、中でもソニーのブラビアの使い勝手の良さなどを説明する。次に来店客が価格を訊ねたとき、五十万円ほどすると返事する。そのさい、4Kブラビアの購入を決める来店客は異口同音に「安いじゃないか」と驚くという。

二百万円も三百万円もする高級時計、いや宝石類では一千万円単位かもしれない超高額商品を購入する来店客にとって、五十万円という金額は「安い」と感じるものなのかも知れない。五十万円という高額商品を「安い」と感じる層に狙いをつけたことが、奏功したのである。

「4Kテレビ＋α」と別のアプローチで4Kブラビアを「売る」ことに成功したのは、ひとえに売り場に立つ店員が「4Kブラビアを売りたい」と思ったからに他ならない。SMOJの立場からいえば、売り場の店員に「売りたい」と思ってもらえるように努力した結果でもある。言い換えるなら、売り場に立つ店員をソニーファンにすることができたからだ。

社長の河野弘を先頭にSMOJが進める「ソニーファンの創造」とは、一般消費者だけでなく「売り場に立つ人たち」からソニーファンにすることでもある。そしてそれには、普段からの地道な努力の積み重ねが求められている。調子の良い時も悪い時も、変わらぬ努力を続けられるか——。

第11章

ソニーストアに夢を託す人たち

ソニーストア大阪

ＪＲ大阪駅の桜橋口から構外へ出ると、斜向かいに「劇団四季」の大きな看板が掲げられた高層ビルの姿が目に飛び込んでくる。そのビルの四階には、ソニーの直営店（正確には国内販売会社「ソニーマーケティング（ＳＭＯＪ）」の子会社）である「ソニーストア大阪」が出店している。いわゆるショップ・イン・ショップと呼ばれる出店スタイルの店である。

入居している高層ビルには、もちろんソニーストア大阪の看板もかけられているが、ビルの外からでは劇団四季の大きな看板に圧倒されて目立たない。路面に面した店ではないソニーストア大阪にとっては、かなりのハンディである。

そのソニーストア大阪に私が初めて訪れたのは、二〇一三年十一月十日である。ちょうど創立九周年を祝う「記念スペシャルウィーク」が始まった時であった。ちなみにソニーストア大阪でも、製品展示のキーワードは「４Ｋ」と「ハイレゾ」である。

フルＨＤの四倍の高解像度を持つ４Ｋ対応液晶テレビと、音楽用ＣＤを超える高音質を誇る「ハイレゾ」の楽曲および対応オーディオ機器たちが、創立九周年を祝うソニーストア大阪の展示会の主役であった。

ソニーストア大阪の売り場は、高層ビルの設計等の関係からか、ウナギの寝床のように奥に広がっていた。店内をひと通り見学すると、ハイレゾ対応オーディオ機器を揃えた「ハイレゾ・コーナー」や４Ｋ液晶テレビ「ＢＲＡＶＩＡ（ブラビア）」専用の試聴ルームが新たに設置されていた。しかし私が目を見張ったのは、主役たちではなく翌年二月発売予定の「プレイステーション(PS)4」を先行展示するコーナーである。しかも一週間後には、来店客がPS4に触り、自由に操作できる体験会を開催する予定だという。

つまり、ここソニーストア大阪は、どこよりも早くPS4を体験できる唯一の「場」というわけである。ゲームファンにとっては、とくにPSファンには、これ以上ない魅力的なアピールとなったであろう。

店長の堺本浩司は、河野弘のSMOJ社長就任以降、ソニーストア大阪で起きた変化について、こう語る。

「以前なら、プレステやPSP(プレイステーション・ポータブル)、ナスネ(NASNE、ネットワーク・レコーダー)などは展示も販売もできませんでした。それがいまでは、液晶テレビやタブレットなどのソニー製品と売り場で連動できるようになりました。たとえば、プレステを4Kテレビのブラビアに繋げば、それまで見たことのない高精細な映像でゲームを楽しむことができます。(ブラビアの五五インチ以上の)大型画面の迫力は、ユーザーに新しいゲーム体験をもたらしてくれます」

もちろん、ゲーム機器とAV機器の同時展示・販売が可能になったのは、河野がソニー・コンピュータエンタテインメント(SCE)の国内販売部門の責任者を兼務しているからである。トップを同じ人物が務めれば、ひとりの判断でタテ組織のしがらみから解放され臨機応変な対応が可能になるというわけだ。

さらに、こんなエピソードも紹介する。

「プレステの開発者の方を(ソニーストア大阪に)招いてセミナーを開催したことがあるのですが、その時に（ゲーム映像を映し出す）モニターに八四インチの4Kブラビアを使いました。（ゲーム・ユーザーは）普段は、そのような大画面でゲームをすることはありませんから、開発者の方も『これは、すごい』と高精細な画面の美しさと大画面の迫力に驚かれていました」

そこには、ゲーム・ユーザーをプレステのファンに、さらに高精細な画面と大画面の迫力による新しいゲーム体験によって4Kブラビアの購入動機に繋げたい、という販売現場の思惑もあっただろう。もっと言うなら、一般のゲーム・ユーザーからソニーファンに変わらせる契機とすることだ。

異色な経歴の店長による店舗運営

ところで店長の堺本は、途中入社組でしかも異色なキャリアの持ち主である。

私がキャリアを初めて尋ねたとき、彼はやや自嘲気味に「お前は二つの会社を潰した、と友人たちからよく言われるんですよ」と問わず語りに言った。どういうことなのかと困惑していると、こう言葉を継いだ。

「大学を卒業して最初に就職したのは日本長期信用銀行でした。そして私の担当取引先が百貨店のそごうでした。どちらも経営破綻し、事実上の倒産。友だちが言うには、お前の勤務先と担当した取引先のどちらもがバブル崩壊で倒産するなんて珍しいと。だから、私が疫病神だというわけです」

堺本浩司は東京大学経済学部を卒業後、日本長期信用銀行に入行している。堺本によれば、もともと大学時代から一般消費者を相手にした販売や流通そのものに関心があった、という。だから、長銀が経営破綻し一時国有化されたとき、銀行マンとして情報公開やＩＲに積極的だったソニーへの関心を強めていたこともあって、ソニーを転職先に選んだというのである。

一九九九年一月にソニーに入社するが、会社側は堺本の銀行時代のキャリアを評価し、販売現場に立ちたい彼の意思とは裏腹に、財務戦略部など本社の管理部門に配属される。堺本のキャリアからすれば、ソニー人事部の判断もやむを得ないものだったろう。しかし堺本には、これではソニーに入社した甲斐がないという思いが募った。

四年後の三十二歳のとき、堺本はソニーの子会社で輸入雑貨専門店「ソニープラザ」(二〇〇六年にソニーグループから分離、別会社へ)への出向を願い出て、認められる。本社で企画立案を行う仕事に従事すればするほど、堺本には顧客に一番近い販売現場への関心が強まり、自分の気持ちを抑えられなくなっていたのである。ところで、ソニープラザの直営第一号店は銀座ソニービルの地下二階にオープンしている。

ソニープラザ在籍中、堺本はコーポレイト戦略室長として社長の出張に同行する形ではあるが、一年間に五十店舗以上もの直営店を回っている。その経験から彼が学んだのは「スタッフのモチベーションは店長が作る」という現場の実態だった。たとえば、店長が率先して店舗の運営で自ら工夫できることを実行し、スタッフが能動的に取り組める環境を整えさえすれば、スタッフは高いパフォーマンスを発揮し、売り上げも増大するという現実である。そういう店は、本当の意味で「強い」と思った、という。

五年後の二〇〇八年四月、堺本浩司はSMOJに移る。

そのころSMOJでは、直営小売店(ソニーストア)を全国の主要都市に展開するプロジェクトが動き始めていた。SMOJ人事部は、しばしば「ソニー商品の販売現場に関わりたい」旨を口にしていた堺本にプロジェクトへの参加を打診し、堺本が二つ返事で応じたのだった。

堺本はリテールビジネス戦略部戦略課に所属し、統括課長として直営店のコンセプトの検討・考案や対象とする顧客(層)の分析等に携わりながら、店舗開発を進めていく。しかし五カ月後、米国でリーマン・ショックが起き、世界経済は大きな打撃を被る。景気は大幅に後退し、そのためSMOJでは「ソニーストア」第一号となる名古屋出店を最後にプロジェクト自体が凍結されるのである。

店舗開発を担当していた堺本は仕事を失い、それが結果的に彼をより販売現場に近づけることになる。二〇一〇年一月、堺本はオープンを控えていたソニーストア名古屋に副店長として赴任し、店舗運営に携わることになったのだ。

SMOJに小売りのノウハウがほとんどない当時、ソニーストア名古屋では堺本のようなソニー出身の社員以外にも他業種から「小売りのプロ」をスタッフとして多数受け入れていた。「小売りのプロ」とは言っても家電商品の販売は初めてという転職者も少なくなく、ソニーストア名古屋ではそうした混成部隊による試行錯誤を続けながら、独自の店舗運営を目指したのである。

それゆえ、怖いもの知らずで何にでも積極的に取り組む姿勢は、ソニーストア名古屋の現場にベンチャー企業特有の自由な雰囲気を生み出し、スタッフ一人ひとりのモチベーションを上げることにもなった。堺本を含むオープンのために集められたスタッフ全員の頑張りによって、オープン当初の自転車操業のような状態から次第に脱し、店舗運営は順調に回りだす。

翌年四月、堺本浩司はソニーストア大阪の副店長に異動になる。そして一年後の二〇一二年四月、店長に昇任する。私が堺本に初めて会ったのは、彼が店長に就任して一年半が経過した頃である。副店長時代を含め店舗経営には四年近く携わってきたことになる。そこで私は、堺本に店長として普段から心がけていることは何かと尋ねたところ、彼は次の三つを挙げた。

ひとつは、改善すべきポイントに気づいた時にはすぐに担当のスタッフにその旨を告げることである。というのも、ソニーストアでは業務にシフト制を採っているため、「後日、改めて」と考えていたら、そのスタッフのシフトによる休みや店長の自分の出張などが重なって話すタイミングを逸することになるからである。

二つ目は、男女の性別や年齢などに関係なく、スタッフ全員に声をかけることだ。堺本によれば、それまでの店舗運営の経験から店長はどうしても同性に声をかけることが多くなりがちで、そのことが店長の求心力を弱める結果になっていた。だからこそ、些細な事でも性別に関係なく声をかけるように心がければ、互いにもっと声をかけようとする意識が強まり、それがスタッフ間のコミュニケーションを良くすることになり、店長への求心力を高めることにも繋がると考えた、という。

最後は、メッセージを具体的に伝えることである。

堺本は「たとえば」と言って、こんな具体的なエピソードを紹介した。

「わたしたちは、しばしば『お客様目線で』などと客観的に聞こえる言い方をしますが、店長の私が同じ言い方をしてもスタッフの心には響きません。むしろ『自分がお客様なら、この展示はこう思う』というように当事者の立場から具体的に伝えた方がスタッフには(私の声は)届きました」

堺本がソニーストア大阪の店長に昇任した同時期に、河野弘はＳＭＯＪ社長に就任している。その堺本の目には、河野の社長就任はＳＭＯＪの社内にどのような変化をもたらしたように映っているのだろうか。

「(社内の)風通しがいっそうよくなり、とてもやりやすくなりました。ソニー本社に対しても言うべきことは言っていただいていますし、河野自身『はしごを外さない』と言っていますように、安心して仕事に取り組めるようになりました。仕事にやりがいを感じています」

ソニーストアは「小売店」の側面と、ソニー製品の「ショールーム」という機能を合わせ持っている。しかもショールームといっても、たんなる製品の展示に止まらない。さまざまなセミナーやイベント等を定期的に開催することで、ソニー製品ならびにSONYに対する一般ユーザーの理解を深める活動もしている。

たとえば、ソニーストア大阪では人気商品のデジタル一眼カメラαシリーズ購入者や関心のある来店客を対象に「αcafe（カフェ）体験会」を定期的に開催している。この体験会には有料の「αセミナー」と無料の「α体験会」の二つが用意されている。前者はプロのカメラマンやソニーの講師がαの使い方や写真について詳しく教えるものだ。後者はデジタル一眼カメラのイロハから教えるもので、気軽に参加できるのが特徴である。

また、プロジェクター＆ハイレゾオーディオ体験会も定期的に開催されている。ソニーの4Kプロジェクターで映画のスクリーンのような大画面を体験したり、マイケル・ジャクソンやスティービー・ワンダーなど一流アーティストのアルバムをハイレゾで楽しむのである。

たしかに、このような活動を通じてソニーファンは確実に増えていくだろう。そのことで、ソニーストアの業績が増収増益に繋がるのなら、まさに理想的である。「小売り」と「ショールーム」という二つの機能を両立させているのだから。しかし現実は、ソニーストアの経営は厳しい。だからといって、それまで以上に「小売り」機能を強化すればいいという話にはならない。

というのは、直接「小売業」に乗り出したソニーに対し、ソニー製品を取り扱っていた家電量販店など小売店側からの強い反発があるからだ。日本の家電メーカーは従来、自社製品を一般消費者に直接販売することはなかった。つまり、ソニーが唯一の例外なのである。

ソニーストアの売り上げが増えれば、理屈ではそれだけ彼らの利益は減る。当然彼らは、ソニー製品を長年販売してきた自分たちに対する背信行為だと考える。ソニーとしては、そんな彼らをあまり刺激したくない。反発が強まるあまり、彼らがソニー製品を熱心に売らなくなることも予想されたし、それだけは避けたかった。

それゆえ、ソニーの「建前」は、一般ユーザーがソニーストアでカメラやテレビなど製品の機能や使い勝手を確認したうえで、家電量販店や馴染みの系列店「ソニーショップ」などで購入してもかまわないということになる。一般ユーザーがどこで購入しても、ソニーにとっては自社製品が売れることに変わりはないから、というわけである。

ＳＭＯＪ社長、河野弘が考えるソニーストア

しかしそれで、ソニーストアのスタッフ(販売員)のモチベーションは維持されるものであろうか。製品が売れても売れなくてもどちらでもかまわないという考えで、店舗運営が成り立つとは私にはどうしても思えなかった。

ＳＭＯＪ社長の河野弘は、どのように考えているのだろうか。

ソニーストアをＳＭＯＪのビジネス全体の中でどのように位置付け、そしてソニーストアに何を期待しているのだろうか。

ソニーストア大阪の取材から戻った二〇一三年十二月初旬、河野に私の疑問をぶつけた。

河野は、自分の考えを率直に語った。

「ソニーストアの目的は、ソニーの商品を使っていただくユーザーさんを一人でも多く増やすことだと思っています。それには、まずソニーの商品を買っていただくこと、それから使っていただくこと、使いこなしていただくことですよね。それをやるには、やはり少なくとも主要七大都市とか十大都市でやらなければいけないと思っているんですよ、でもいまは、ソニーストアは銀座(東京)と名古屋、大阪の三店舗しかありません。ですから、ソニーストアは販売もしますが、それは直営店の出店数を増やして売り上げを伸ばす、売上高を何パーセント増やすという話にはならない。そういう話ではなくて、メーカーとして神経系といいますか、お客様に近いところを持っておくこと、お客様がソニーにコンタクトしやすくなる場所を持っておくことに意味があるわけです」

そして、ソニーストアの「小売店」としての側面に触れる。

「直営店は、販売よりもむしろお客様へのサポート、ソニー商品を買っていただくためのいろんなサポートをする場所だと思うんです。たとえば、デジタル一眼カメラのαのような高額商品は、購入前に自分で試せる場所があったらいいわけですよね。あるいは愛用しているソニー製品の調子が悪いからと気楽に持ち込める場所だとかも、あったらいいわけです。私は、ソニーストアをそういう位置付けにしたいと思っているんですよ。もちろん、赤字でいいと言っているわけではありません。どのように黒字にするか、どんな方法で売り上げを伸ばすか、そこが大切だと。だから、『売らなきゃいけない』とか『絶対に黒字にしなければ』といったマインドで直営店の経営を進めると、他の家電小売店と変わらなくなってしまうと思っているんですよ」

さらに、河野は言葉を継ぐ。

「そうじゃない。ソニーストアは、ソニーストアならではのサポートをするからお客様に来ていただき、その結果、ソニー商品が売れるというアプローチをしないと直営店の意味がないと思っています。だから、いまある家電小売店の『ソニー版』を作ってもしようがない。それに、たとえ(ソニーストアが)十店舗増えたとしても、その程度のボリュームでとれる利益なんかたかが知れている。流通の勢力図に影響が出たりしませんよね。それでも、私たちがお客様を理解するという意味では(ソニーストアが)かなりの手助けになることは間違いありません」

そう語ると、河野は問わず語りに創業者・盛田昭夫の「思い」を話し出したのだった。

「ショールームとストアの垣根は何だろうか、という疑問は私にはあります。盛田さんが銀座のソニービル(のショールーム)でやりたかったことは何かと言えば、お客様が心ゆくまでソニー商品を『買え、買え』というプレッシャーがない環境で触れられる、しかもいつ来ても開いているし、つねに最新の商品が展示されている、商品に通じた熟練のスタッフがいて相談に乗ってくれる、そういうことだと思います。その延長線上に(ソニー商品を)気に入ったから、ここで買いたいというお客様にそういうサービスを提供する、それでいいんだと思うのですね。だから、大切なことは『ソニーストアとは何だ』という原点に立ち返ることだと思います」

どうやら河野は、ストアとしてもショールームとしても当時の段階のソニーストアには満足していない、いや中途半端だと不満のようである。ソニーストアはパイロットストアではないから試作品などをお客さんが直接触って使ってみるようなことはできない。新製品といっても、それは「すでに発売された」商品である。小売店として見ても、たとえ十店舗あったとしてもかつてアメリカで五十店舗を超える小売店チェーンを担当していた河野にすれば、それでどうなるものではない。

だからこそ、河野は「もう一回、直営店のあり方、戦略的な価値から経営的な価値まで含めて、ソニーストアはどうあるべきかという議論を徹底的にやろうと思っています」という結論に至ったのであろう。

いずれにせよ、河野は社長就任の二〇一二年、一三年を通じてＳＭＯＪが抱える本質的な問題と進むべき道、そしてソニーストアの原点を再認識したことで、ＳＭＯＪの再生に手応えを感じたであろう。その「手応え」を経営陣や中堅幹部は言うに及ばず、一般社員までも感じとることが、ＳＭＯＪ再生に向けた次のステップである。その意味では、翌一四年はＳＭＯＪにとって、希望が持てる挑戦の一年になるはずであった。

ＶＡＩＯ事業の売却

二〇一四年二月六日、ソニーは「ＶＡＩＯ」ブランドで人気のパソコン事業を、投資ファンド「日本産業パートナーズ（ＪＩＰ）」に譲渡すると発表した。その受け皿となる新会社（のちのＶＡＩＯ株式会社）には、ソニーからは五パーセントの出資と、ＶＡＩＯ事業に携わってきた部門を中心に二百五十名から三百名程度の社員が異動することも合わせて発表されたのだった。

ソニーはＶＡＩＯ事業売却の理由を、プレスリリースに次のように記載している。

《グローバルなＰＣ業界全体の大幅な構造の変化、ソニー全体の事業ポートフォリオ戦略、「ＶＡＩＯ」をご愛顧頂いているお客さまへの継続的なサポートの必要性、社員の雇用機会などを総合的に検討した結果、ソニーとしては、モバイル領域ではスマートフォン及びタブレットに集中し、ＰＣ事業をＪＩＰが設立する新会社へ事業譲渡することが最適であるとの判断に至りました》

さらに、ＶＡＩＯ事業の業績内容にも触れている。

《目標としていた二〇一三年度の黒字化達成は困難な状況にあります》

ひと言でいえば、VAIO事業は儲からなくなったから売っちゃいます、ということである。さらに付け加えるなら、PC事業がなくなっても、コア事業として定めた「モバイル事業」のスマホとタブレットがあるから経営的には大丈夫です、というものだ。

私はプレスリリースの説明には、どうしても納得がいかなかった。そのため後日、副社長兼CFO(最高財務責任者)の吉田憲一郎に面談し、改めて問い質さずにはいられなかった。

吉田は世界のパソコン市場がシュリンクしており、事業として成長が見込めないこと、一般ユーザーのニーズが若い人を中心にパソコンからタブレットやスマホなどモバイル機器へ移ってきていることを指摘したうえで、「(ソニーの)パソコン事業の七百億円という赤字を深刻に受け止める必要があります」とVAIO事業売却の正当性を改めて主張したのだった。プレスリリースをなぞる回答ではあったが、七百億円という具体的な赤字額を指摘したことはソニー経営首脳のパソコン事業からの撤退の強い意志を表していた。

そこで私は、平井政権以前のVAIOには何が期待されていたか――私の知り得た範囲で指摘するとともに、改めて売却の意図を訊ねることにした。

VAIO事業は出井伸之社長時代に「トゥー・レイト」という社内外の声を抑えて、出井の後継社長となる安藤国威を責任者として始まった。そのさい、安藤は情報処理の機械(データプロセッシング)に過ぎなかったパソコンを、世界有数のAVメーカーであるソニーの技術を活かして音楽や映像も楽しめるエンタテインメントマシン(画像処理の機械)に生まれ変わらせることで新しいPC市場の創出に成功する。VAIOは、それまで主要なユーザーと見なされていなかった女性や若年層までもPC

ファンにしたのである。その結果、ＶＡＩＯの国内市場シェアは、トップクラスになった。

そのＶＡＩＯを出井は、デジタルネットワーク時代におけるインターネットへのゲートウェイと位置づけた。当時のソニーの強みは、ＶＡＩＯ以外にもゲートウェイとしてテレビやＤＶＤレコーダー、プレステなど強い商品を抱えていたことである。

そしてハワード・ストリンガーがトップ（会長兼ＣＥＯ）の時代、彼はすべてのソニー製品をインターネットとつなぐと宣言し、それを進めた。当時は、まだＩｏＴ（ものインターネット、すべてのものがインターネットにつながること）という言葉はなかったが、ソニーは、自社製品のＩｏＴ化にいち早く乗り出していたのである。

二〇一三年当時、ソニーはＳＯＮＹ製品とインターネットを繋ぐことで新しいビジネスの掘り起こしに腐心していたが、その一方で世界では新たなビジネス戦争が勃発し、激化していた。たとえば、デジタルネットワーク時代で、もっとも価値があるのは「コンテンツ」である。そのコンテンツを巡って、インフラ戦争が起きていたのである。たとえば、「Ｎｅｔｆｌｉｘ」や「Ｈｕｌｕ」などの動画配信サイトはハリウッドなどの優れた映画コンテンツを奪い合っているし、音楽配信サイトも著名アーティストのヒット曲を集めることにしのぎを削っていた。優良なコンテンツの保有が配信ビジネスの成否を握っているからである。

ネットワークのインフラ戦争では、一時は「通信か電波（テレビ等）か」と騒がれたものだが、その後の戦いは複層化し、ケーブルテレビや光回線などの有線インフラ組に対し、無線（携帯電話等）やＷｉ－Ｆｉなどの無線インフラ組の争い、あるいは地上デジタル放送や衛星報道などの電波インフラ組と通信インフラ組の戦いとしても私たちは目にすることができる。そしてインフラ戦争は、誰が勝者になるかは別にして、いずれ終結する。

そのような状況に対し、ソニーは世界有数の映画会社と音楽会社の二社を保有、つまり良質なコンテンツを持つとともに、そのコンテンツを視聴する優れたAVとIT製品を開発・製造・販売している。インフラ戦争が終結したとき、勝者のインフラにもっとも適した機器を保有していれば、その後のソニーのビジネスは優位になる。しかし当時は、まだ勝者が見えない段階なので、たとえ事業が赤字でも持ち続けるべきではないか。つまり「パソコン事業の赤字は我慢すべき時ではないか」と私は吉田に問うたのである。

しかし吉田は、「七百億円という赤字を(私たち経営陣は)重く受け止めるべきだと考えています」と、繰り返すだけであった。さらに吉田は、将来性のないパソコン事業に代わって、コア事業と位置づけているモバイル事業のスマホとタブレットが十分に穴埋めすると力説したのだった。

ソニーグループ全体の戦略からパソコン事業の重要性を指摘する私と、パソコン事業のビジネスだけを問題視する吉田とでは、まったく話がかみ合わなかった。

平井体制のビジョンが見えない

やむなく私は、平井体制下でコアビジネスと位置づけられているゲーム事業を担うSCEの救済例をあげて再度、吉田に問い質すことにした。

SCEではプレステ3などの販売不振から脱却するため、二〇〇七年に創業者の久多良木健を名誉会長に退かせるとともに平井一夫が社長兼グループCEOに就任した。しかし経営は好転せず、二〇〇九年三月期決算で債務超過に陥る。つまり、事実上の倒産。その後は、ソニー本社が債務保証する形で営業を続けるが、債務超過状態から完全に脱することはできなかった。

その後、ソニー本社は、旧社・新社方式によるSCEの救済に着手する。つまり、SCEを「分割」し、負債を旧社に引き継がせ、それまでの事業は新社に移したのである。それによって、新社（新SCE）は負債の重圧から解放され、自由にゲーム事業を展開できるようになったのである。そのさい、ソニー本社は旧社の負債解消のため、最終的に約八千億円を投入している。

そのような経緯を踏まえて、ソニーがSCE再建のために八千億円という巨額な資金を投入したのは、ソニーグループの将来にとってゲーム事業は欠かせないビジネスだと判断したからであり、その恩恵を受けてソニーのゲーム事業はコアビジネスとして位置づけられるまでに成長したのではなかったのか。同様に、パソコン事業がデジタルネットワーク時代を生き抜くうえで不可欠な事業なら、七百億円という赤字を我慢して持ち続けるべきではないか。八千億円に比べれば、七百億円なんて少額ではないか——という私の指摘に対し、それでも吉田はパソコン事業の将来性のなさを繰り返すだけであった。

事ここに至っては、平井体制がソニーをどのような企業（グループ）にしたいのか、何を目指しているのか、私には皆目見当がつかなかった。吉田に改めて、どのような企業グループを目指しているのか、平井政権のビジョンを尋ねた。しかし吉田は、副社長兼CFOであるにもかかわらず、「ビジョンはCEOの平井が語るものであって、私が話すべきものではない」と口を閉ざした。

ソニーのCFOはCEOとビジョンを共有していないのかとも思ったが、いずれにしても吉田とは話はかみ合わないままだった。

それ故に、なおさら私はSMOJのことが心配になった。

黒字商品を取り上げられたSMOJ

ＶＡＩＯ事業が赤字だといっても、国内市場に限るなら黒字化を実現し、その安定化に腐心しているところであった。というのも海外と違って、国内ではＳＭＯＪの販売戦略が功を奏していたからである。家電量販店の「ＶＡＩＯオーナーメイド」コーナーやソニーストア、ＩＴ商品に特化したソニーショップなどで創意工夫された独自の販売方法の成果でもあった。

ソニーは薄型テレビを始めとするデジタル家電への取り組みの遅れから、エレクトロニクス事業ではカメラ部門を除いて軒並み営業赤字という厳しい状況にあった。二〇一四年三月期(二〇一三年度)決算では、一千二百八十四億円の最終赤字を計上し、一二年から始まった三カ年の経営計画は二年目で大幅な修正を迫られていた。

だからこそ、ソニーの経営陣は赤字のＶＡＩＯ事業を売却したのだと言いたいのであろうが、ＳＭＯＪにすれば、せっかく黒字化した商品を取り上げられたことになる。いくらＳＭＯＪが成果を出したところで、ソニー本社の一存でそれが否定されるなら、ＳＭＯＪおよび社員は何を目標に仕事をしたらいいのか分からなくなる。自分の責任ではないことで、責任を取らされることほど理不尽なことはないからである。

そのような扱いを受け続けたら、ＳＭＯＪの社員はモチベーションを持てなくなるだろうし、むしろ生まれようもない。そうなれば、ＳＭＯＪのレゾンデートルにも関わってくる。ＳＭＯＪ設立の意図や、ソニー本社と「同格」の会社であることを求め続けてきたことも無に帰することになる。設立時からＳＭＯＪを見てきた私には、それは耐えがたいことであった。

そこで私は、VAIO事業売却の影響をこの目で確かめるため、SMOJ広報に全国の主要な営業現場の取材を依頼した。

SMOJでは、ボーナス時期の夏と年末年始の商戦前にソニーショップなど特約店を対象にした「ソニーフェア」と呼ばれるイベントを開催している。そのイベントで、SMOJは目玉商品や有力商品の展示を行うとともに、特約店との商談に臨む。ソニーショップの得意客の中には、地方のビジネスホテルなどの会社も含まれている。その場合、そのソニーショップはビジネスホテルの担当者をイベントに招待し、一緒に商談に臨む。商談がうまくいけば、チェーンではない地方のビジネスホテルであっても、全室にテレビを設置するため、売り上げもかなりの額になる。つまり、SMOJにとって、ソニーフェアは売り上げ拡大のための非常に重要なイベントなのである。

このイベントを、SMOJでは規模の差はあるものの、全国各地で展開していた。私は関東(東京・秋葉原)を始め北陸(金沢市)、関西(大阪市)の主要三地区で開催されたソニーフェアを回った。

どの会場でも「4K」と「ハイレゾ」の二つをキーワードに商品展示が行われ、SMOJ社員も4K液晶ブラビアやハイレゾ・ウォークマンなどの有力商品の説明に特段の力を入れていた。だからといって、どの会場も似たり寄ったりだったわけではなかった。その地区の事情を配慮し、それぞれ工夫されていた。

たとえば、ハイレゾの高音質を体感してセールストークに活かしてもらうため、各会場には試聴コーナーが設けられていたが、使用する楽曲はそれぞれ地元の事情に合わされ、選曲に大きな違いがあった。東京では国内外の有名アーティストが歌うポップスがほとんどだったのに対し、金沢では石川さゆりのヒット曲「津軽海峡・冬景色」などの演歌が選曲の中心だった。たしかに、普段から聞き慣れた曲であれば、同じ曲をハイレゾで聴けばすぐに違いが分かるし、ハイレゾが持つ高音質の素晴らしさを実感できる。演歌ファンが多い北陸地区ならでは、の選曲である。

こうした工夫は、それぞれの展示会場でも随所に見られた。

しかし私が一番得心したのは、いや自分の無知を思い知らされたのは、各会場でソニー商品を説明する若いＳＭＯＪ社員たちの姿である。正直なところ、会場を回り始めた当初は、彼らのぎこちないというか、肩に力が入った空回りする説明を聞いていて「どうしてこんな連中に説明させているのだろうか、これで大丈夫なのか」などと思ったものだった。しかし各会場で若いＳＭＯＪ社員たちが饒舌とはいえないものの、自分の力の限りを尽くして説明する姿を見るにつけ、次第に自分の目頭が熱くなっていくのが分かった。

販売現場の熱い情熱

なぜ私がそんな気持ちになったかといえば、彼らの率直な思いが伝わってきたからに他ならない。その思いとは、ＳＯＮＹ製品が好きで、ソニーに誇りを感じ、そして何よりもＳＯＮＹ製品の素晴らしさを参加者(特約店)や一般ユーザーに伝えたいという心からわき立つ情熱である。

それまでの私は、ソニーの経営陣や幹部たちへのインタビューを通して、ソニーの行方や将来を考え、判断する傾向にあった。それゆえ、ソニーのビジョンや事業戦略などを重要視してきた。それ自体は間違いだったとは思わないが、ではそのビジョンや事業戦略の実現のために我が身を投じているのは誰かと言えば、それは現場で取引先や一般ユーザーと向かい合っている社員たちである。

販売現場で言うなら、私にとってはソニーフェアで間近に接したＳＭＯＪの若い社員たちに他なら

コンパクトデジカメ「RX100」シリーズ

ない。ＳＯＮＹブランドやソニーを現場で支えているのは、本社の中枢にいてポートフォリオがどうかとか、ワン・ソニーを目指すなどと旗振りをしている人たちではなく、ＳＯＮＹ製品とソニーが大好きで、そのことを多くの人たちに伝えようと必死に努力している彼らなのである。逆に言えば、彼らがソニーを「もうダメだ」と見捨てない限り、ソニーの「再建」や「将来」に対して何の不安も感じる必要はなかった。

私の心配は、杞憂であった。

たしかに黒字商品を取り上げられたことは痛手ではあったろうが、現場ではＶＡＩＯがないなら他の製品をヒット商品にするだけだと言わんばかりの力強い雰囲気に満ちあふれていた。ハイレゾと4Kという二つのキーワードに加えて、人気商品のデジタル一眼カメラのαシリーズや高級コンパクトデジカメのサイバーショット「ＲＸ１００」シリーズなどカメラ部門を前面に押し出して「三本柱」とし、さらなる販売力の強化に乗り出していたのだ。

東京から金沢、大阪へと回って帰る途中、ソニーストア名古屋に立ち寄るため名古屋で途中下車した。名古屋は新参者に厳しい土地柄だが、その半面、一度認められれば情の厚い取引関係が続くところでもあった。

その名古屋で、ソニーストア名古屋はまだ苦戦中であった。なのに売上高の四〇パーセントを占めていたＶＡＩＯパソコンやその関連商品を失うわけだから、かなりの打撃を受けることは避けられない。それに名古屋は、初めて「ソニーストア」

のコンセプトに基づいて出店したところである。その意味では、ソニーストア名古屋の今後如何によっては、ソニーストアのあり方そのものが問われかねなかった。

名古屋駅からタクシーで約十分、大通りから少し引っ込んだ角地にソニーストア名古屋の店舗はある。ソニーストア名古屋店長の土谷壮一に、私はＶＡＩＯ事業売却の影響を率直に訊いた。

「売り上げの四〇パーセントを占める商品を失うことは、たしかに痛手ですが、私たちは小売りのプロですから、ないのなら他の商品で埋め合わせるだけです。その自信はありますし、そうできると考えています」

そうきっぱりと答えると、土谷はさらに言葉を継いだ。

「（ＳＭＯＪが）国内の販売総代理店になると聞いていますので、まったくＶＡＩＯを扱わないということではないと思います。当面は従来通り、ＶＡＩＯ（パソコン）の販売ができると考えています。ただ別会社なので、将来はどうなるのか分かりませんが」

ＳＭＯＪでのＶＡＩＯパソコンの扱い

二月十六日のプレスリリース「ＰＣ事業及びテレビ事業の変革について」には、ＶＡＩＯパソコン販売に関してはこう記載されていた。

《設立当初は、商品構成を見直した上で日本を中心にコンスーマー及び法人向けＰＣを適切な販路を通じて販売することに注力し、適切な事業規模による運営を行う予定です》

ＶＡＩＯ事業は国内だけが黒字なので、「日本を中心に」という方針は理にかなっている。販売方法については「適切な販路を通じて」とあるだけで具体的には触れられていなかった。ただ六月中旬には、ＳＭＯＪからＶＡＩＯ株式会社と販売総代理店契約を締結したと記者発表があったから、土谷の発言もそれを踏まえてのものだったのであろう。

その土谷が将来の不安を口にしたのは、ＶＡＩＯ株式会社が経営権を投資ファンドに握られた別会社である以上、ＳＭＯＪの意思とは関係なく決断ひとつでまったく違う方向へ進むことも予想されたからである。

ＳＭＯＪでは、七月一日からＶＡＩＯ株式会社のＶＡＩＯパソコンをソニーストアや直販サイト、一部のソニーショップと大手家電量販店等での販売を開始した。その後、ＶＡＩＯ株式会社は一般ユーザーよりも法人を対象にしたビジネスへの傾斜を強め、ＶＡＩＯパソコンもソニー時代の音楽や動画を楽しむエンタテインメントマシンからデータプロセッシング（情報処理）の機械へと回帰していく。

その結果、新しいＶＡＩＯパソコンはそれまでソニーストアで購入していたファミリー層に勧めにくい商品になってしまう。というのも、法人向けパソコンは仕事用だから、音楽や動画を楽しむソニー製のソフトがプリインストールされていないからである。ＶＡＩＯパソコンを従来のようなエンタテインメントマシンとして利用したいと思えば、改めて必要なソフトを買い求めるなどしてインストールする必要があった。

また、ＶＡＩＯ株式会社は販売でも自前の営業部隊を作って海外市場の開拓に乗り出したり、パソコン以外にもスマホの開発・販売などにも事業を拡大していく。さらにＶＡＩＯ株式会社は、ＳＭＯＪ以外にも専門商社と代理店契約を結び家電量販店の営業を任せるようになった。もはやＳＭＯＪは「販売総代理店」ではなかった。ただしＶＡＩＯパソコンは、いまでもソニーストアや一部のソニーショップで取り扱っている。

そもそもＶＡＩＯ事業の売却は、販売を担当しているＳＭＯＪに対してでさえ、直前になってわずかの経営幹部がソニー本社から知らされただけであった。そのため、売却発表後にソニーショップや家電量販店からの問い合わせに対し、営業現場が混乱したことは無理もなかった。

いずれにしても、ＶＡＩＯ事業の売却に対し、ＳＭＯＪでは経営幹部を始め社全体として冷静な対応を心懸けるとともに、それに成功したと言える。それはＳＭＯＪが河野体制になって以降、河野自身が「ハシゴを外さない」と宣言したようにそれまで以上に社員を信じ、その自主性を重んじてきたことに負うところも多かったのではないかと思う。

内部から表出した「厳しい現実」

二〇一五年早々、ＳＭＯＪ社長の河野弘と経営陣は、厳しい「現実」と対峙することになる。しかもＶＡＩＯ事業売却の時と同様、ＳＭＯＪ単独で、独力で解決できる問題ではなかった。

その年の二月、ソニーは二〇一二年度からスタートした三カ年の中期計画が失敗に終わる旨を発表した。中期計画で掲げた数値目標は、最終年度の一五年三月期の連結業績で売上高八兆五千億円、営業利益率五パーセント以上、ＲＯＥ（株主資本利益率）一〇パーセント。さらにエレクトロニクス事業では、売上高六兆円、営業利益率五パーセントというものであった。

それに対し、二月時点での見通しでは連結業績の売上高八兆円、営業利益率〇・三パーセント、ＲＯＥに至ってはマイナス七・四パーセントである。しかも最終損益は一千二百六十億円の赤字で、二年連続で一千億円を超える最終赤字となる。その結果、一九五八年の上場以来初めての無配に陥ることも決まった。

まさに危機的な状況である。

深刻な業績悪化の打開のため、社長の平井一夫は経営方針説明会の席上、一五年度から一七年度までの三カ年に及ぶ第二次中期計画を策定したと発表した。この中期計画で注目すべき点は、ソニーの事業を三つの領域に分けたことである。

ひとつは投資を集中的に行い、売上高と利益の拡大を狙う「成長牽引領域」である。この領域には、業績好調なＣＭＯＳなどイメージセンサー事業を抱えるデバイス分野やゲーム＆ネットワークサービス、映画、音楽の各分野を揃えた。

二つ目は売上高の拡大が期待できないという判断から、大規模な投資を控えて「着実な利益の計上」を目指す安定収益領域である。たとえば、デジカメやウォークマン、ブルーレイレコーダーなどソニーの伝統的な事業、ＡＶ(音響・映像機器)事業が集められた。

三番目は、売上高の増加が今後望めない、他社との競争の激しいスマホなどのモバイル事業とテレビ事業を「事業変動リスクコントロール領域」と名付け、「リスクの低減と収益性を最優先」する分野とした。要するに、シェア拡大よりも収益性の改善(黒字化)を重視するが、さらなる業績悪化が続けば、事業からの撤退や売却もためらわない領域というわけである。

モバイル事業は第一次中期計画では「コア事業」に位置づけられ、前年のＶＡＩＯ事業売却の際には今後はスマホ・タブレットに集中すると期待された分野である。しかし二〇一五年三月期決算では エレクトロニクス事業の中で唯一、営業赤字を、それも二千二百四億円という巨額な赤字を計上してソニーが二年連続で最終赤字に陥る主因になった。つまり、ソニーの経営首脳の判断の過ちがもたらした結果である。その後、タブレット事業は撤退表明こそされなかったものの、製造中止に追い込まれている。

第二次中期計画で分かるのは、それまでSMOJの主力商品であったテレビを始めとするAV商品が売上高と利益の拡大が期待できない事業、つまり積極的な投資を行わない事業に位置づけられたことである。それまでのボリュームゾーン重視の販売から付加価値の高い、つまりハイエンド商品への方向転換で収益拡大の手応えをつかんだSMOJにとって、今後も高機能・高品質でかつ市場を牽引するソニー製品は欠かせない。

しかし第二次中期計画、つまりソニー本社首脳の判断は少なくともSMOJの高付加価値路線を積極的にサポートするものだとは言い難かった。というのも、市場を牽引する高付加価値製品の研究開発には、長期的な視点が欠かせないし、そのための時間と費用がかかるものなのに平井らソニーの経営陣は、そうしたリスクを積極的にとらない、投資をしないことを決めたからである。

それゆえソニーの事業部にとって、今後もSMOJに対し高付加価値のAV製品を提供し続けることは難しい。SMOJは、外からではなく内部から表出した「厳しい現実」に直面させられることになったのである。

二〇パーセントの経費節減を求められる

第二次中期計画のもうひとつの特徴は、デバイス事業とすべてのAV事業の分社化を決めたことである。秋には、第一陣としてウォークマンなど音響機器やビデオ機器のビデオ&サウンド事業の分社化が予定されていた。なお、テレビ事業は一足先に前年七月に分社化され、「ソニービジュアルプロダクツ株式会社」としてスタートを切っている。

じつは、前年二月にＶＡＩＯ事業の売却が発表されたさい、同時にエレクトロニクス事業全体の見直しにともない、それらを支えてきた「販売、製造、本社間接部門」の規模の適正化、つまり費用削減も明らかにされていた。ＳＭＯＪを始め世界の販売会社に対する具体的な数値目標としては、二〇一五年度(二〇一六年三月期)までに一三年度(一四年三月期)と比べて約二〇パーセントの削減が求められた。このとき、北米など海外のソニーストア(二百店舗以上)は全て閉鎖されている。

事業所(工場など)を抱える事業部と違って、販売とマーケティングの会社であるＳＭＯＪにとって有効な経費削減となれば、真っ先に人件費が対象になることは避けられない。しかしＳＭＯＪ社長の河野弘は、そうは考えなかった。なぜなら、リストラ(人員削減削減)がいかに社員の精神を疲弊させ、社内のモチベーションを下げるかを知っていたからである。それゆえ彼にとって、ＳＭＯＪの将来のためにはリストラは可能な限り避けなければならない愚策であった。

リストラを避けるため、河野らＳＭＯＪ経営陣が採った方策のひとつに本社の移転があった。ＳＭＯＪの本社は当初、ＪＲ品川駅の高輪口近くのオフィスビルに入居していた。取引先に出向くにもＪＲ品川駅を拠点に動きやすかったし、顧客や取引先が本社を訪ねる際のアクセスも良かった。当然、家賃も安くはなかった。そのオフィスビルが老朽化したためリニューアルされることになった。新しくなったら、家賃が値上げされることは確実であった。しかも今回の立地条件の良さから考えても、値上げ幅がかなり高いことは予想された。

このとき、つまり二〇一二年にＳＭＯＪは本社を、ＪＲ品川駅の高輪口とは反対側の港南口から徒歩数分の距離にあったソニー本社が入居しているオフィスビルに移転している。正確にいえば、ソニー本社が一棟借り切っているオフィスビルに入居したのである。そしてそれまで秋葉原などで開催していた首都圏のソニーフェアなどのイベント類を、ＳＭＯＪではソニー本社二階の大会議場を利用することで経費削減を図るのである。

しかし今回の約二〇パーセントの経費節減には、それでは不十分である。

そこで河野らＳＭＯＪ経営陣は、二度目の本社移転を決意する。二〇一五年、ソニー創業の地である御殿山の旧本社近くに残る旧三号館を選ぶ。ソニーは事業の拡大にともない、御殿山の旧本社を中心に工場やオフィスビルを建設し、「ソニー村」と呼ばれるほど自社ビルを持っていた。しかしソニーは、ハワード・ストリンガー時代に業績悪化の対応策のひとつとして資産売却を始める。そのさい、「ソニー村」も対象にされ、御殿山の旧本社跡地を始め順次売却されていったが、三号館は売却されず、まだ残っていたのだ。

最寄りの駅は、ＪＲ山手線の五反田と大崎の駅である。どちらも駅から三号館までは徒歩で十分程度かかる。交通アクセスを考えたとき、それまでの高輪と港南に比べてアクセスが悪い場所である。しかも港南のソニー本社が新築のオフィスビルだったのに対し、三号館は老朽化しており、増改築を繰り返したこともあって構造上も使いにくかった。

それでも河野たち経営陣は、リストラが最小限に止まるなら良しとしたのであろう。人員削減に関しては、その頃のＳＭＯＪでは定年等の自然減や新たな雇用を控えることが基本で、社員を一律に年齢で退職に追い込むやり方はしなかった。

さらにソニー本社は、世界各地の販売会社に対し「国、地域ごとの主力商品カテゴリーの厳選、間接機能の見直し、アウトソーシングの推進等の実施」を求め、再編を含む改革を進めていく。そうした販売改革の流れの中で、ＳＭＯＪは押し寄せる「変化」に積極的に対応していった。

ＳＭＯＪの「機構改革」

ここで、世界市場におけるソニーの販売オペレーションについて、再度触れておく。

一般消費者（コンシューマー）向けのＡＶ製品の販売とマーケティングに関しては、国内はＳＭＯＪ、米国市場ではソニー米国、欧州市場ではソニーヨーロッパ、中国市場ではソニーチャイナといった具合に国や地域ごとに設立された販売会社がそれぞれ責任を持って展開していた。そしてソニー本社には、世界の販売会社に対する戦略部門としてグローバルマーケティング部門があった。

ところが、ハワード・ストリンガーが会長兼ＣＥＯだった二〇〇九年、ソニーはエレクトロニクス事業の再建のため世界の販売体制の強化に乗り出す。その改革のひとつが、横断組織「グローバルセールス＆マーケティングプラットフォーム」を新設したことである。この新組織は販売・マーケティングだけでなくそれに関連するすべて、世界の販売会社や広告宣伝、ブランド、ＣＥＳなどの世界的なイベントまでも統括した。要は、ソニー本社の世界各地の販売会社に対する統制力が強化されたのである。

なお、責任者は「グローバルセールス＆マーケティングオフィサー（ＧＳＭＯ）」と呼ばれた。初代ＧＳＭＯに就任したのは、業務執行役員ＳＶＰ（常務に相当）だった鹿野清である。

十一月十五日、ＳＭＯＪは、ソニー本社と連名で「コンスーマーＡＶ販売・マーケティング機能の機構改革」と題するプレスリリースを発表した。

「機構改革」を端的に言えば、ＳＭＯＪを「二階建て」の組織に改めて「二階」にグローバルセールス＆マーケティングの本部機能を移管し、「一階」にはＳＭＯＪの機能をそのまま残すというものである。要するに、翌一六年四月一日以降は「ソニーマーケティング株式会社」がひとつの組織として、全世界と国内の販売・マーケティングの責任を持つようになるということである。

同時に、改組に伴う役員人事も発表された。

新・ソニーマーケティングの代表取締役会長にはソニーヨーロッパのプレジデントの玉川勝が、代表取締役社長にはSMOJ社長の河野弘が就任の予定だった。ただし玉川は、同時にGSMOに任命されている。彼の下で「二階」の本部機能が働く仕組みである。他方、河野は新たに設置される国内の販売・マーケティング組織「ソニーマーケティングジャパン」の社長を務めることも発表された。河野は従来のSMOJ社長を務めながら、新たに全世界を相手にした販売とマーケティングにも経営首脳のひとりとして関与していくのである。

新・ソニーマーケティングのメリットのひとつは、国内・海外の販売とマーケティングを一体として展開できることだ。それによって、全世界の販売オペレーションの強化に繋がり、収益改善が期待できる。もちろん、国内外の人員などのリソースやノウハウの集約によって、経費節減にもなる。

別の見方をするなら、SMOJが本社の戦略部門のひとつを飲み込んだとも言える。SMOJが持つノウハウや人的資源を海外の販売会社に投入することで、国内外の販売・マーケティングの一体化と強化を狙ったのではないかと、私は考えている。実際、河野が率いた経営チームの役員たちは、その後ソニーロシアやソニーヨーロッパなど海外販社の責任者として赴任していく。

高付加価値戦略の進化

機構改革のプレスリリースの発表から約二週間後、SMOJは「年末記者懇談会」を開催した。その席上、社長の河野弘は、それまでの高付加価値戦略の進化を取り上げた。高付加価値戦略の柱としてきた「4K」と「ハイレゾ」に「DI(要に、デジタルカメラ)」を加えたうえで、商品が持つ本質的な価値と顧客体験がもたらす価値を最大化する、つまり「ソニーファンの創造」をさらに強化・加速させるというのである。

それによって「家電業界に貢献したい」と河野は語る。

4Kとハイレゾ、DIで家電業界や家電市場を活気づけることができれば、それはソニー商品の売れ行きにも繋がるという考え方である。市場のパイを大きくすれば、自分の取り分も多くなるから他社を巻き込んで三カテゴリーのブームを作り上げたいというものである。

また河野は、テレビの定義を変える時代になったことも指摘する。

高付加価値路線を採るソニーでは、液晶テレビ「ブラビア」は四〇インチ以上の大型商品がメインである。高精細な画面を誇る4Kブラビアでも大型がメインだが、テレビ局が放送する番組の視聴だけでなく「Hulu」や「Netflix」などインターネットを通してハリウッドの映画など多様なコンテンツの視聴も可能である。それは、グーグルのOS(管理ソフト)「アンドロイド」を搭載してネット配信を受けられるようにしているからである。別名「アンドロイドTV」と呼ばれるが、ブラビアはもはや従来のテレビの枠に収まらない高精細な画面を持つ新しいディスプレイないしモニターでもあるのだ。パソコンで視聴していたユーチューブなどの動画投稿サイトも、いまや大画面のテレビで楽しむ時代になったのである。

そうしたテレビ事情を、河野は「テレビ市場における価値の変化」と呼び、多様なコンテンツを求めることを「テレビ市場における挑戦」と位置づけたのだった。ソニーでは今後、テレビとは「アンドロイドＴＶ」を意味することになる。

高付加価値戦略に新たに加わったＤＩについては、河野は「デジタルカメラ市場における挑戦」を掲げた。「挑戦」という意味でいえば、ニコンやキヤノンなど専門メーカーが作るフィルム時代からの本格的な「カメラ」に対し、ソニーはいわば電気屋が作る「デジタルカメラ」という新しい「カメラ」で対抗するのだ。

遅れてカメラ市場に入ってきたソニーにとって、「カメラ戦争」に勝ち抜くには専門メーカーよりも優れたカメラを開発しなければならなかった。その点、ソニーは優れたイメージセンサーの技術を持っており、その優位性をデジタルカメラではいかんなく発揮することができた。人気を博した高級コンパクトデジカメのＲＸ１００シリーズやデジタル一眼カメラのαシリーズ。その中でも、とくにカメラユーザーから強い支持を得たのがα７シリーズである。

しかもデジタル一眼カメラは高額商品で、利益幅が大きかった。そのうえ交換レンズなどの関連部品も追加購入されるため、売り上げと利益に貢献した。

もうひとつの柱、ハイレゾは普及の第二段階に入ったという認識であった。

ソニーのハイレゾ関連商品(ウォークマンなどポータブルオーディオとコンポ類のホームオーディオ)は累計出荷台数で百万台を超えていたし、ソニー系の配信サイトでのハイレゾの配信曲数は二〇万曲に達していた。今後の課題はターゲットにするユーザーを拡大して、ハイレゾ市場を活性化することであった。

最後に、河野はソニーストアの位置付けについて触れた。

ソニーストアは、ＳＭＯＪの目標であるカスタマーマーケティングにおける「最重要拠点」であり、店員による対面対応でもっとも効果的な顧客体験を提供する「場」であるという。たとえば、αカフェなどを通じて顧客との関係を強くすること、ソニーファンになってもらえる関係を築く「場」になることである。

ＳＭＯＪにとって、二〇一五年は厳しい環境に晒された年であった。しかし記者懇談会での河野の発言を聞く限り、次への飛躍のために力を蓄えた一年でもあった。事実、ＳＭＯＪは二〇一五年度決算で黒字化を達成していた。翌一六年から、ＳＭＯＪはさらに反転攻勢を強めていく。

ソニーストアの開店ラッシュ

二〇一六年四月の「ソニーストア福岡天神」(九州・福岡市)オープンを皮切りに、ＳＭＯＪは九月には入居していた銀座ソニービルの解体に伴う移転・リニューアルした「ソニーストア銀座」を、翌一七年四月には「ソニーストア札幌」(北海道・札幌市)を相次いでオープンさせている。ソニーストア銀座は別の商業ビルへ移転してのリニューアルオープンだから、新設と同じと考えても差し支えない。つまり、ＳＭＯＪはわずか一年の間に、ソニーストアを三店舗もオープンさせたことになる。

リーマン・ショックでソニーストアの出店プロジェクトは、たしかＳＭＯＪでは凍結されたはずである。なのにこの出店攻勢は、河野体制になってから密かに復活させていたことを意味する。過去の経緯に囚われすぎない河野らしい判断である。

一方、魅力的なソニー製品の品揃いも、その間にも順調に進んだ。

二〇一六年一月には、画質・音質などをさらに進化させた４Ｋ対応のデジタルビデオカメラ「４Ｋハンディカム」や有機ガラス管を振動させることで透明感ある音色を実現させたグラスサウンドスピーカー、壁やデスクに映像を映すことができるポータブル超短焦点プロジェクターを発売している。

八月は「ソニーのテレビ史上最高画質」を謳う4K・HDR(ダイナミックレンジ)信号対応液晶テレビ「ブラビア」のフラッグシップモデル「Z9Dシリーズ」を発売。とくに一〇〇インチは価格が七百万円という高額商品であった。翌九月には、レーザー光源採用の家庭用4Kホームシアタープロジェクターの最上位機種を売り出した。

二〇一七年に入ってもSMOJの高付加価値戦略に呼応するかのように、ハイエンド機種の新製品ラッシュは続いた。

三月に窓際に設置して一〇〇インチの4K・HDR映像を楽しむ超短焦点プロジェクター、五月はウルトラHD(4K)対応のブルーレイプレーヤー、翌六月には液晶パネルに代わる次世代ディスプレイと期待されていた有機ELパネルを採用した「4K有機ELテレビ、A1シリーズ」と有力商品の発売は続いた。また、生産中止になっていたエンタテインメントロボット「AIBO(アイボ)」を、小文字の「aibo」と改めて復活・発売に踏み切っている。他にもコミュニケーションロボットやスマートスピーカーなど生活を楽しくする小物商品も発売した。

かくして「場」もある程度確保され、ソニーファン創造へ誘う魅力的な「商品」も揃ってきた。次は、営業現場での具体的な取り組みである。その様子を、ソニーストアの活動に見てみよう。

ソニーストア福岡天神の挑戦

ソニーストア福岡天神は、複合施設「西鉄天神CLASS」にテナントとして一階と二階に入居している。この施設は、福岡市が再開発を進める地区にあった福岡市立中央児童会館が老朽化で建て直しをするさい、民間企業の西日本鉄道と連携して八階建てのビルにしたものである。そのため、福岡市の中心地区や繁華街から離れてはいるものの、アップルストアやスターバックス、TSUTAYA、ファッションビルなど若者向きの商業施設が集まっており、若者の街へと変貌しつつあった。

SMOJではソニーストア福岡天神のオープン前日、つまり三月三十一日に記者会見とメディア向け内覧会を開催している。

挨拶に立ったSMOJ社長の河野弘は店名の由来について、こう説明した。

「高島(宗一郎)福岡市長が手がけられている『天神ビッグバン』と呼ばれる開発プロジェクトに、私どもも加わりたい、私どもの直営店を福岡に出したいという気持ちをずっと持っていました。今回、縁がありまして天神地区にお店をオープンすることができました。いつもならソニーストアの後に出店する場所の地名を加えた店名にするだけですが、今回は『福岡』にあえて『天神』という地域名を続けました。『ソニーストア福岡天神』は、そういう思いがこもったお店です」

つまり、ソニーストア福岡天神は福岡市が推進する再開発プロジェクト「天神ビッグバン」のメンバーとして出店しているつもりである、というのである。

さらに河野の話は、SMOJとソニーストアの使命に及ぶ。

「(SMOJは)ソニーのエレクトロニクス商品、セールスマーケティング、カスタマーマーケティングを提供している会社です。私たちは、つねに『ソニーファンの創造』ということを掲げています。SONY製品をご愛用していただいているお客様を少しでもケアして、お客様に商品の利用体験を通じてソニーファンになっていただく——そんな活動の推進が目的なんですね。そのためには、モノ(製品)を販売するだけではなく、使って楽しいとか、ライフスタイルが豊かになるような楽しいことをサポートすることが大切になります。そして、その一番の拠点がソニーストアなのです」

では河野は、ソニーストア福岡天神をどのような店にしたいのであろうか。

「オープンにあたってのキャッチコピーは『すべては、写真と音楽を愛する人に』です。福岡という土地柄も含めてカメラと音楽にウェイトを置いた展開をしていきたいと思っています。オープニングの活動としては、どういうコンセプトのもとでやろうかと考えてきました。最終的に『なんといっても地元密着でいこう』ということで落ち着きました」

歴代のソニーの経営首脳で「直営店」にもっとも注目したのは、ハワード・ストリンガーである。彼が会長兼CEOの時代、初めて「ソニーストア」のコンセプトのもと直営店をオープンしたのがソニーストア名古屋である。そのとき、ストリンガーが描くソニーストアの理想はすべてのソニー製品に出会い、そして体験できる「場」というものであった。それに対し、河野は逆に地元のニーズに合った厳選された品揃えをすることがソニーストアには大切だと考えている。極論するなら、ソニーストア福岡天神はカメラとオーディオの専門店であってもいい、ということだ。

そうなると当然、ソニーストア福岡天神のオープンを伝える宣伝広告も地元に密着したやり方に行き着く。たとえば、最寄り駅である西鉄天神駅では中央改札口付近を中心にソニーストア福岡天神オープンを伝える巨大な広告と写真が駅をジャックしたかのように展示されていた。しかし写真をよく見ると、起用されたモデルは有名タレントなどのプロではなく、地元福岡で活躍している写真家や女性として十六年ぶりに太宰府天満宮の神職に就くなど輝いている人たちだった。

河野の話を聞いていると、ソニーストアも時代とともに変化していくし、その必要があることがよく分かった。

西鉄天神駅改札口附近のソニーストア福岡天神オープンの巨大広告

そして挨拶を、河野はこう締めくくった。

「何にもまして、私たちがやりたいことはＳＯＮＹブランドを高めていくことであり、そういう活動を一人ひとりのお客様と向き合いながらやっていくことです。そのための重要な拠点がソニーストアであり、ここ福岡にもできた。ソニーストア福岡天神は、並々ならぬ期待と思いを込めて今日という日を迎えているのです」

その期待と思いに応えるために、ソニーストア福岡天神には何が必要であろうか。

初の女性店長誕生

ソニーストア福岡天神の初代店長に就任したのは、高田和子である。高田は女性として初めての店長であった。

大学で数学を専攻した高田には、本来なら大学の推薦枠を使ってプログラミングなどを担当するエンジニアになるという選択肢もあった。しかし高田はもともと販売や商品企画などに興味があったこともあって、将来エンジニアになるにしてもそれまではマーケティングに近い職場で働きたいと思っていた。

その高田の希望を叶えたのが、ソニーだった。彼女は一九九一年四月に入社するが、最初の職場は営業本部販売管理部だった。その後、ソニーフランスやＳＭＯＪでマーケティング畑を中心に歩くことになる。

ソニー福岡天神の店長の社内公募があったとき、高田は迷わず応募する。だからといって、高田は「別に店長をやりたかったわけではない」という。

「私は（エンジニアとして）製品開発よりも、開発者のために販路を広げたり、資金を調達する仕事をしたいと思っていました。また、お客さんとコミュニケーションをとって商品の良さを伝える仕事のほうが私の性に合っているとも思いました。だから、販売現場に立ちたいという強い気持ちがありました」

しかし高田には、すでに二十五年に及ぶキャリアがあった。いくら販売現場の経験をしたいからといって、まさか店員から始めるわけにはいかない。つまり、販売現場に立つには、店長に応募するしかなかったのである。

キャリアも異色なら考え方も異色な高田だが、ソニーストア福岡天神がオープンしてから気づいたことがある、という。

「（ソニーストア福岡天神の）店内に入りやすくすることも大切ですが、誰に気兼ねすることなく自分の好きな時に店を出られることのほうがもっと重要だということです」

たしかに店内に入って商品を見ていると、仕事熱心な店員が駆け寄ってきて何かと話しかけることは珍しくないが、お客にすれば「店に入った以上は何か買わなければいけない」というプレッシャーを感じ、居心地が悪い。こうした経験を何度もすれば、お客は最初から買うつもりがない場合は、店内に入ろうとしなくなるものだ。いくら店側が「気楽にお立ち寄りください」と誘っても、徒労に終わる。

ソニーストア福岡天神の店内風景

それゆえ、お客が気楽に立ち寄る店になることがソニーストアの第一の目標としても、それが最終目標ではないと高田は言いたいのだろう。

高田の話は続く。

「フランス語に『サンパ』という単語があります。『感じが良い』とか『好き』といった意味に近いです。英語なら『ナイス』に近い単語です。お客さんがふらりと(ソニーストア福岡天神に)入ってきた時に『サンパティック』な雰囲気を感じていただければ、きっと『感じのいい店だね』と思ってもらえます。私は、ソニーストア福岡天神をそんな店にしたいと考えています」

さらに、こうもいう。

「本屋さんなどもそうですが、とくに買いたい本がなくてもなんとなく立ち寄ることがありますよね。なかには、定期的に立ち寄るお客さんもいます。それは毎月本屋さんに配本される中に、自分の読みたい本や関心を引く本が売り場に並んでいるのではと期待するからです。ソニーストアでも新しい製品が出る度に、また年末年始の商戦など季節毎に発売される製品に対して同じような期待をお客さんに持っていただきたいし、それが可能な場所にしたいと思っています」

たしかに高田の指摘には一理も二理もあるが、その前にお客が店内に入らないと何も始まらないのではないか。ソニーファン創造のためには、何よりもまずソニー製品の良さを知ってもらう必要があるからだ。そのための具体的な方法については、高田は何も触れなかった。それが、私には少々不満だった。

店長が先頭に立っての呼び込み

その後しばらくしてから、私はソニーストア福岡天神を再訪した。

国体道路に面した正面玄関前で、店長の高田和子は女性スタッフと二人で通行人に対し呼び込みをしていた。若い男女のカップルを見つけると、高田は積極的に声をかけながら男性にカメラを渡した。そして女性には傍のお立ち台に上がるように促し、そこでポーズを取らせると男性が次々にカメラのシャッターを切り出したのだった。

短い撮影会が終わると、高田は二人を店内に招き入れた。やがて若いカップルは笑顔を見せながら出てきた。女性は手に持つ何かを眺めては嬉しそうにしていた。いったい何が起きたのだろうか。私は店内に入って、高田に話を聞いた。

高田によれば、ふらりと店内に足を踏み入れてもらうためにはどうしたらいいかというスタッフとの話し合いの中から生まれた手段だという。玄関前を通る若い男女のカップルや小グループにスナップ写真を撮りませんかと声をかけ、脈がありそうだと判断したら、カメラもステージも用意してあるからポーズを作れば撮るだけですし、すぐに紙焼きして写真もプレゼントしますよ、と追い打ちをかけるとほとんどの人が応じる。しかし狙いは、店内に招き入れて写真が仕上がるまでの待ち時間を過ごさせることである。その時間を使って、ソニーストア福岡天神のことやソニー製品について説明するのである。そして写真がプリントアウトされたら、手渡せば終わる。

まさにふらっと店内に入り、誰に気兼ねすることなく店外へ出て行く。このシーンを間近に見て、私は高田から「解」をもらったと思った。そして何事も部下任せにはしない、高田のフットワークの良さを知った。

もちろん、店長が先頭に立って玄関前で呼び込みをすることに対し、店長の仕事ではないなどいろんな声があることも承知している。しかしソニーストアも当初のコンセプトから変わってきていることを考慮するなら、店長もいろんなタイプが揃うことはむしろ健全である。その意味では、フットワークの軽い店長というのも、新しいソニーストアには相応しい。

ソニー・クリエイターズ・ナイト

ソニーストア福岡天神のオープンから一年後の二〇一七年四月一日、北海道・札幌市に「ソニーストア札幌」がオープンした。

店長に抜擢されたのは、下村智文である。

下村はソニーストア名古屋の店長時代、DI（デジタルカメラ）のビジネスの拡大に成功し、収益の柱に育て上げている。そのことが店長としての下村の評価を高め、今回のソニーストア札幌店長への抜擢に繋がっていた。

というのも、広大な自然に恵まれた北海道ではその自然を写真に撮る、つまりカメラの人気が昔から高く、ニコンやキヤノンなどカメラの専門メーカーのファンも多く、確かな市場が根付いているとSMOJの経営陣は判断していたからである。

つまり、電気屋(ソニー)が作ったカメラを専門メーカーのファンたちに売り込むことを期待したのである。極論するなら、SMOJ社長の河野弘を始め経営陣はソニーストア札幌をデジタルカメラ専門店にしてもいいと思っていた。ある意味、ソニー自慢のデジタル一眼カメラ「αシリーズ」を、ニコンやキヤノンのカメラを使い慣れたファンたちの評価に晒すことであった。

そしてオープンの際のキャッチコピーは「出会ったことのない感動が待っている」だった。店長の下村は、こう付け加える。

「たんなる製品販売の場ではなく『写真』『音楽』『映像』といった観点から好奇心を喚起する感動体験を提供することで、ソニーのユーザーにソニー製品を思う存分使ってもらえる場にしたいと考えています」

なお余談であるが、ソニーストア札幌の出店地は、以前にはアップルストアの店舗があった場所である。

オープン当日には、さまざまなイベントが組まれている。

名古屋でも福岡天神でも、それぞれ地域性を考えたイベントが開催された。とはいえ、基本的には同じ種類のイベントだから、驚くようなことはなかった。しかしソニーストア札幌では、ソニーストア以外でのソニーのイベントを加えても経験したことのないイベントが開催された。それは、オープン当日の営業時間終了後に開催された「ソニー・クリエイターズ・ナイト」である。

参加者はプロのカメラマンや映像クリエーター、音楽クリエーターなど約二百名。そのうち三分の一をプロのカメラマンが占めた。しかしソニーのカメラ製品を使っているカメラマンは二十名足らずであった。つまり、プロのカメラマンのほとんどがニコンやキヤノンのカメラユーザーなのである。

ソニーストア札幌のオープン日に店頭に並ぶ来店客

その人たちにソニーのカメラを売り込むのが、店長の下村の重要なミッションのひとつに他ならない。

ところで、クリエイターズ・ナイトの仕掛け人はＳＭＯＪ広報の谷口浩一（統括部長）と宮田紗由理の二人である。

谷口は、クリエイターズ・ナイト開催に至る経緯をこう語る。

「もともとイベントの広報宣伝は、大手広告代理店に任せてきました。地方の場合は、地元の広告代理店です。金がかかるわけです。業績が厳しいＳＭＯＪには広告宣伝に潤沢に使える金はありません。もちろん、広告代理店を通さず、自分たちで直接交渉するという手もありますが、それ以上に料金に見合うだけの広告宣伝の効果が既存のテレビや新聞で得られるものだろうか、と疑問に感じることが増えてきたところでした。金もかけずに効果的なやり方があるのかといえば、すぐには思いつきませんでした」

広告宣伝でもっとも効果があるのは、いわゆる「口コミ」である。だからといって、谷口たち広報が一人ひとり口コミを利用したところでタカが知れている。人脈を駆使して情報を集めるとともに、信頼できる人たちにもアドバイスを求めた。そしていろいろと思案した結果、谷口は「インフルエンサー」の活用を思いつく。

インフルエンサーとは、ある層、ある集団・グループに対して強い影響力を持つ人のことである。アイドルグループが「インフルエンサー」のタイトル曲をヒットさせたこともあって、この言葉は広く使われるようになった。

谷口は札幌地区を中心にインフルエンサーを、いやそう呼ぶに相応しい人たちをいろんなジャンルから探し始める。プロのカメラマン集団、映画(映像)に強い関心を持つ素人の集まりなど、まさに様々である。共通するのは、集団のトップは、その集団に対し強い影響力を持っているということである。

さらに谷口は、クリエイターズ・ナイトを広報が主導する、いや主催することになった理由をこう説明する。

「(SMOJの)関係部署にもクリエイターズ・ナイト開催の協力を求めましたが、みんなそれぞれ忙しく協力は得られませんでした。逆に『どうしても開催したいというなら、広報のほうで勝手にやってくれ』と言われましたので、それじゃ広報でやろうと決断した次第です」

インフルエンサー探しでは、地元の有力者をひとり紹介してもらい、そこから芋づる式で次のインフルエンサーを紹介してもらう方法などを駆使した結果、当初予想した参加者数百五十名よりも多い二百名が出席した。インフルエンサーの人たちも、ソニーとソニーストア札幌に強い関心を抱いたようである。

クリエイターズ・ナイトでは、キタキツネの写真で有名な井上浩輝など四名の写真家の作品を展示したコーナーや、ソニーを理解してもらうためにソニー初のトランジスタラジオ、初代ウォークマン、AIBOなどを展示するコーナーが設置されていた。また、事業部から十名ほどのエンジニアに来てもらって、製品の仕様や機能の説明だけではなく製品へのこだわりも話して欲しいと要望していた。まさに相互理解のための場であった。

会場を見渡すと、クリエイター同士の交流も盛んだった。

ここソニーストア札幌でも、従来のしがらみに囚われない新しい取り組みが始まっていた。ソニーストア札幌のオープンで、ソニーストアは銀座、名古屋、大阪、福岡天神を合わせて五店舗となった。三店舗の時とちがって、「ソニーストア」としての戦略が立てられるようになった。他方、SMOJは改組され、世界市場を視野に入れる「二階建て」の組織に生まれ変わった。

新しいソニーマーケティングが展開する世界戦略では、ソニーストアはどのように位置づけられるのか。また、どのような貢献が期待されているのか。その結果が出るには、いましばらく時間が必要であろう。

創業者・盛田昭夫のDNAが引き継がれる限り、「マーケティングのSONY」は社会の変化、時代の変化に対応しながら、「ソニーファンの創造」を続けるであろう。なぜなら、それがSONYだからである。

終わりにかえて――それぞれの転機

二〇一九年三月、河野弘はソニーマーケティング株式会社の代表取締役社長とソニーマーケティングジャパンの社長を同時に退任した。二〇一二年四月のＳＭＯＪ社長就任から七年目を迎えた時であった。

前年の四月には、ソニー本社が進めるエレクトロニクス事業の分社化の一環として、放送業務用機器とデジタルカメラを担当する各事業部をひとつにして立ちあげた「ソニーイメージングプロダクツ＆ソリューションズ」の代表取締役副社長に就任するとともに、ソニーマーケティング社長も兼務していたので、河野のＳＭＯＪ卒業が間近に迫っていることは周知の事実であった。

というのも、河野が副社長として担当する「プロフェッショナル・プロダクツ＆ソリューション」（放送業務用機器事業）の拠点は神奈川県厚木市にあった。そのため、東京・品川区にあるＳＭＯＪ本社で仕事をしたのち遠く離れた厚木に通う、あるいはその逆の厚木から品川区へ通うのも長期にわたっては肉体的にも難しいと考えられていたからだ。兼務を解かれた河野は、ソニー本社の執行役員としてソニーイメージングプロダクツ＆ソリューションズのマネジメントに専念することになった。

河野の後任は、ソニーヨーロッパ社長の粂川滋である。

粂川によれば、ソニーマーケティング社長就任のオファーがあったのは、河野の兼務が始まった年だった、という。

「河野の兼務も大変なので、どこかのタイミングで（日本に）戻ってきて欲しいという話がありました。ただ私も欧州へ行って二年目でしたから、三年務めてひと区切りついたところで戻りますと返事をしました。これが、（ソニーマーケティング社長就任の）元々の経緯です」

粂川　滋氏

粂川は一九八六年、ソニーに入社した。最初の職場は、国内営業本部（現在のＳＭＯＪ）である。つまり、河野の一年後輩にあたる。入社後、粂川は国内と海外の営業を、ほぼ交互に経験することになる。

しかし粂川自身は「別に、海外志向があったわけではありません」という。

「筑波大学の四年生のとき、筑波万博が開催されますが、そこにソニーがショップを出したのです。私はたまたま、その店で一年間アルバイトをしまして、ソニー製品やソニーの人たちに親しみを感じ、それがきっかけとなってソニーに入社することになりました。それも、ソニーショップみたいなものを担当したいと思っていましたので、国内に関心があったわけです。ですから、私のベースは国内営業だと思っていますし、そこで一番学んだことはお客様に商品を売る難しさと大切さです」

粂川は、河野の経営チームの一員だったとき、量販営業本部担当の執行役員として社長の河野を支えている。その後は世界の販売体制の見直しが進むなか、二〇一四年にソニーロシアの社長に転出し、二年後の一六年にはソニーヨーロッパ社長に就任している。

新社長として粂川滋は、抱負をこう語る。

「河野が数年続けてきた『ソニーファンの創造』は、これからもずっとやっていくべきものだと考えています。今年の七月に方針を発表しましたが、そこでも『SMOJのミッションはソニーファンの創造である』ということは変えていません。現在、タウンホールミーティングを全国各地で行っていますが、（SMOJ社長としての）自分の思いを社員に伝えているところです」

さらに粂川は、言葉を継ぐ。

「ソニーファンの創造とSONYブランドという、この二つが基本的に堅持されれば、（SMOJの）みんなの活動の方向性はぶれないんですよね。お客様から支持される、それがプレミアム商品の売り上げにつながり、業績向上になる。こういうポジティブなサイクルにするため河野が頑張り、結果もついてきましたから、社員全員のベクトルが合っていると感じています」

新社長・粂川の課題は、河野時代に蒔かれた種を開花させるとともに、自分の時代の種まきを確実に進めることである。

一方、河野の経営チーム自体も世代交代が進められていた。

SMOJ社長の河野を専務として支えてきた鈴木浩二や常務の本多健二、コールセンターなどを担当した執行役員の坂口顕弘、ソニーストアの担当だった浅山隆嗣、ソニーコンスーマーセールスの初代社長の辻和利など本書に登場した経営チームのメンバーも順次卒業していった。

コンシューマー製品の販売会社であるSMOJで、法人営業（B2B）に新しい活路を見出そうとした樺山拓は、第十章で取り上げたように関西電力系の光回線業者「ケイ・オプティコム」との成約を果たす。ソニーのタブレットを端末にしてさまざまなサービスを光回線の顧客に提供するというものだが、タブレットというハード（製品）を売るだけでなくソフト（運用面のサポート）でのビジネスも考えたものだった。社長の河野も新しいビジネス分野として大いに期待した。

しかしその後、前述したようにタブレットの売り上げが思うように伸びず、業績不振に陥ったためソニー本社は「撤退宣言」はしなかったものの、製造を中止してしまう。つまり、タブレットがない以上、ＳＭＯＪとケイ・オプティコムのビジネスは続かない。こうして新しい法人ビジネスは頓挫するのである。

だからといって、樺山の法人営業に対する情熱が冷めることはなかった。

樺山が次に狙ったのは、液晶テレビ・ブラビアをモニターとして、ディスプレイとして法人に売り込むことだった。そのさい、樺山がターゲットに選んだのはＪＲ九州である。ＪＲ九州では、幹線など一部の路線以外の利用客は減少する一方であった。その対策のひとつとして「無人駅化」を進めていた。駅員が滞在しない以上、それに代わる情報伝達手段が必要になる。そこに樺山は液晶テレビ・ブラビアをモニターとして売り込んだのだ。

その成果のひとつを自分の目で確かめるため、私は二〇一八年、ＪＲ九州の筑豊本線（若松線）の若松駅を訪ねた。北九州市若松は港湾の町で、若戸大橋でむすばれた戸畑の町とともに石炭輸送などの要衝であった。当時の賑わいはすでになく、すっかり寂れてしまっていた。

改装された小さな駅に入ると、誰もいない構内には場違いな大きなモニターがひときわ目立った。液晶ブラビアが壁に組み込まれ、モニターとして見やすい位置にあった。モニターには時間通り運行しているか、遅れているなら何分遅れなのか、あるいはどのあたりを走っているかなどの情報がすぐに読み取れた。もちろん、行き先までの運賃表示もボタン一つで可能だ。

樺山によれば、JR九州では今後も順次無人駅化が進められる、という。そこに樺山は大きなチャンスを見出したのである。ライバル企業との厳しい争いになるだろうが、テレビをモニターとしても活用するビジネスを大きく花開かせて欲しいと思った。

樺山は現在、ブラビアB2Bビジネス部の統括部長の職にある。

ところで、ソニーストア札幌のオープンに際して、それまで企画されたことのないイベント「クリエイターズ・ナイト」が開催されている。その経緯は第十一章で触れているが、私がとくに注目したのはSMOJ広報の企画・主催だったことである。企業取材が長い私にとって、広報は「黒子」であり、そうあるべき存在だった。それゆえ、SMOJ広報が企画主催したことに違和感を隠せなかった。

しかしクリエイターズ・ナイトの仕掛け人である谷口浩一（統括部長）は、私の違和感に対し「私は一度も、広報が黒子だとは考えたことはありません」と躊躇《ためら》いもなく断言したのだった。そのとき、私は「へー、広報もいろいろだな。自分の広報観が古いのかも知れない」と思ったものだ。ソニーは変わらなければいけないのなら、当然、SMOJも変わらなければいけない。それなら広報も従来に固執せず、新しく生まれ変わる必要がある。その先頭を走っているという自負心が、SMOJ広報に自由で、臨機応変な対応を求め、そしてそれを許しているものなのだろう。

谷口は役職定年でSMOJを退社し、ソニーとはまったく関係のないベンチャー企業に新しい活路を求めた。その企業の海外戦略の一環で現在は、英国に駐在して欧州でのビジネス展開に専念している。近い将来、家族も英国へ移り住む予定だという。ソニーが日本を飛び出し世界に羽ばたいたように、彼もまた国内市場のビジネスからヨーロッパ全体を対象にしたビジネスに挑戦している。

ソニーストアも、新陳代謝を繰り返しながら成長している。

ソニーストア大阪の店長だった堺本浩司は本社に戻ってストア企画推進課に所属し、統括課長としてソニーストア各店をサポートする立場にある。堺本の後任としてソニーストア大阪の店長に就任したのは、名古屋の店長だった土谷壮一である。その土谷も二〇一九年四月一日付けで本社に異動になり、堺本と同じ職場でしかも隣のデスクで肩を並べて仕事をしている。

土谷に代わってソニーストア大阪の店長に就任したのは、ソニーストア福岡天神の店長だった高田和子である。高田の後任は、本社のストア推進課で堺本の部下だった井原拓也である。なお、井原はソニーストア銀座で長らくスタイリスト(販売員)を務めた経験を持っている。

土谷の後を受けてソニーストア名古屋の店長に就任したのは、高田に次ぐ二人目の女性店長となった宮崎千夏である。それまでの店長および店長経験者と比べて違う点は、宮崎が現場からの叩き上げであることだ。そして宮崎のキャリアも、異色なものであった。

宮崎は、もともと幼稚園の先生になるのが夢だった、という。そのため短大の初等教育科に進む。しかし卒業後、宮崎は心斎橋ソニータワーのショールームで働く道を選ぶ。ショールームの運営等はソニーのグループ企業「ソニー企業」が担当していた。

一九九三年ソニー企業に入社すると、心斎橋ソニータワーでオーディオ担当として働き始める。その後、接客業の傍らチーフアテンダントとしてマネジメントやフロア運営にも携わるようになる。しかし六年後、宮崎はソニー企業を退社して、フラワーアレンジメントの講師をしていた母親と同じ道を目指す。そのために花屋に勤めながら、ウェディングブーケやアレンジレッスン講師などを経験するのだった。

それなりに充実した日々ではあったが、どこか違うという思いが募り、二〇〇三年ソニー企業に再入社し、同じ職場で従来通りショールームの仕事に従事する。しかしＳＭＯＪでは、ショールームを見直し直営小売店への展開が模索されている頃であった。

翌〇四年、心斎橋ソニータワーは梅田へ移転するが、その際に直営小売店「ソニースタイルストア大阪(現在のソニーストア大阪)」としてリニューアルオープンした。そのとき、宮崎は残留か退社かの選択肢を迫られる。というのも、リニューアルオープンした職場では、それまでの製品の説明に加えてセールスの力も求められたからである。

ショールームで製品をプレゼンする仕事からストアで製品をセールスする仕事への切り替えは、考えるほど容易ではない。製品を勧める、つまり「売る」という行為は、泥臭い面を持つからだ。新しい職場に馴染めない宮崎の同僚も少なくなかった。

しかし宮崎は——。

「私の場合、切り替えに抵抗感はありませんでした。もともと接客は好きでしたし、それほど意識することなくスムーズにスタイリスト(販売員)になれました」

多くの同僚がソニーストア大阪を去ったが、宮崎はマネージャーとして店舗のプロモーションやスタッフのマネジメントに携わるなど新しい職場で活き活きと働いた。そして二〇一一年にはソニーストア銀座に異動し、スタイリストマネージャーとして店舗の運営にまで深く関わるようになった。

そうした宮崎の仕事ぶりが評価されたのであろう。一四年七月には、ＳＭＯＪ本社のストア企画推進課に呼ばれる。本社スタッフの一員として、宮崎は人材育成を担当した。研修カリキュラムの作成やオープンを控えていたソニーストア福岡天神のスタッフの育成に努めた。

そして再び販売現場に戻る。

二〇一六年十月、ソニーストア名古屋の副店長に就任し、翌一七年一月からは店長を務めている。宮崎の経歴から分かるのは、彼女がショールームとストアという二つの営業現場を自ら体験している貴重な人材であることだ。

ソニーストア各店の店長は、二〇一九年八月時点では次のメンバーである。

ソニーストア札幌の店長は、オープン時から下村智文が務めている。ソニーストア銀座では、ベテランの尾澤正之がリニューアルオープンから店長である。ソニーストア名古屋と大阪は前述した通り、宮崎千夏と高田和子の二人が店長である。ソニーストア福岡天神は、店長としてのキャリアが始まったばかりの井原拓也である。

個性豊かな多様な人材がソニーストアの店長に揃ったようである。各店長がソニーストア各店で、どのような独自の店舗運営を目指すのか楽しみである。


最後に、ＳＭＯＪとは直接関係はないが、ソニーショップの立場から「ソニーファンの創造」に尽力している「森川デンキ」のその後についても少し触れておきたい。

森川デンキの店主で社長の森川正義は「心からＡＶ製品が好きで、ソニーファンのお客様が得心される対応をしたい」という考えから「森川デンキでは、お客様を選別させていただきます」と公言してはばからない。その森川の夢は「松本のソニーストアになる」ことだという。

ソニーショップ以外にも他社の系列店の取材を続けてきた私にとって、お客を選別することはタブーではないかと思っていたので森川の経営姿勢は私の目にはとても新鮮に映ったものだった。初めて森川デンキを訪ねたのは二〇一三年十一月である。それから数年後、私は森川デンキを再訪した。

その間に、森川デンキはソニーの4K液晶テレビ「ブラビア」を「町の電気店」としてもっとも多くの台数を売り、4K有機ELテレビでも好調な売り上げを記録していた。しかし長引くデフレのなか、いつまでもソニーの高額なハイエンド商品が売れ続けるとは思えなかったので、私は森川デンキの行く末が少し心配だった。

再会した森川正義は、前回よりも元気なくらいだった。いやむしろ、加齢とともにタフになっているのではと感じるくらいであった。

来店したお客にじっくりと製品を見て欲しい、納得がいくまで説明を聞いて欲しいという森川の考えから店内には無料のコーヒーを提供するテラスが設けられていたが、再訪した時にはもっとお客が長居できるようにと軽食の提供の準備をしていた。つまり、キッチンをテラスに作ろうとしていたのである。しかも夜は、アルコールの提供まで考えているという。一日居ても飽きない場所、しかも空腹も満たしてくれる場所、まるで遊園地である。そのとき私は、森川が「ソニーショップは、ソニーファンにとっての遊園地であるべきだ」と考えているのだろうかとふと思ったほどだ。

森川と四方山《よもやま》話に花を咲かせていると、彼は問わず語りにこう語りかけたのだった。

「立石さん、前回の取材の時にも話しましたように、私はもう(製品を)売ったり買ったりする時代ではなくなったのではないか、と最近はとくに思うようになりました」

困惑する私にかまわず、森川は話を続ける。

「くり返しになりますが、いくら熱心なソニーファンでも、高付加価値な新製品がソニーから発売されるたびに購入することはもうできません。ソニーのハイエンド商品は高額ですし、ね。新製品が出るたびに購入できたとしても、高付加価値商品は大型ですからそのうち置き場所に困るようになります。だったら、どうすればいいか」

そう言うと、ひと息ついて森川デンキの現在と未来に姿を語った。

「製品を買って楽しんだら、次の新製品を買う時にその製品を下取りに出して購入資金に充てる。つまり、最初の購入代金と下取りに出した時の売却代金の差額が、それまで製品を楽しんだ期間の利用料金というわけです。このように考えると、これからは製品の売買ではなく、その製品を一定期間楽しむ利用料を支払うというシステムのほうが売る方にとっても買う方にとってもメリットがあると思うのです。いまもそう考えてきて、実際に森川デンキでは始めています」

店舗を移転しソニーショップとして再スタートを切った時から、森川デンキでは他社製品を含め中古製品の買取りと販売を始めており、そのノウハウと実績がすでにあったがゆえに単独でスタートを切ることができたのであろう。しかしそれにしても、時代の流れ、変化を読み取るとその対応にすぐさま取りかかるフットワークの良さは、森川個人の資質に大きく由来するものである。

ソニーショップに限らず系列小売店の多くは経営の苦しさから転廃業を余儀なくされている。そんな現状を考えると、受け身でなく自ら進んで変化に対応し、過去に固執することなく新しい取り組みに果敢に挑戦する経営者のいる店だけが生き残れると思った。

森川正義との再会で感じたのは「松本のソニーストア」から「松本のソニー」へ目標を変えたのではないか、という志の大きさである。森川デンキの経験と取り組みが私たちに教えているのは、企業規模の大小にかかわらず、先んじて変化に対応する者だけが生き残るということである。

「技術のソニー」の対抗軸として「販売のソニー」を見てきたが、ソニーの販売の本質はマーケティングにあり、時代や社会の変化に順次対応してきたことで「マーケティングのSONY」としての現在がある、と私は考えている。そして今後も、変化に対応し続け、新しい「販売のソニー」の姿に出会うことを祈念してやまない。

日本の家電産業の「天国と地獄」を間近に見てきた私の最大の疑問は、どうして欧米の家電産業と同じ衰退していく道を選んだのか、ということに尽きる。それゆえ、その過程を描くことで「理由」を解明していくことを私のライフワークにした。そのさい、「経営」からではなく「現場」の視点で、経営の判断が現場にどのような影響を与え、現場はどう対応していったかを検証するという方法を採った。その意味では、本書はライフワークとなる作品(群)のプロローグにあたるものである。

なお肩書きは取材当時のもので、文中の敬称は省略させていただいた。使用した顔写真(井深大、盛田昭夫、大賀典雄、出井伸之、小寺淳一、ハワード・ストリンガー、条川滋)と製品写真(テープレコーダーG型、初代ウォークマン、ブラウン管式平面テレビ「WEGA」、VAIOノートパソコン「505」、液晶テレビ「BRAVIA」、コンパクトデジカメ「RX100」シリーズ)は、ソニー及びSMOJの提供である。

引用及び主要参考文献

井深大『わが青春譜　創造への旅』(佼成出版社、一九八五年)

盛田昭夫／下村満子／E・ラインゴールド、下村満子訳『MADE　IN　JAPAN――わが体験的国際戦略』(朝日文庫、一九九〇年)

ソニー／広報センター編『ソニー創立五〇周年記念誌「GENRYU源流」』(ソニー株式会社、一九九六年)

黒木靖夫『ウォークマンかく戦えり』(ちくま文庫、一九九〇年)

中川靖造『創造の人生　井深大』(講談社文庫、一九九三年)

立石泰則
1950年北九州市生まれ．ノンフィクション作家，ジャーナリスト．中央大学大学院法学研究科修士課程修了．経済誌編集者，週刊誌記者等を経て，88年に独立．『覇者の誤算　日米コンピュータ戦争の40年』(日本経済新聞社)により第15回講談社ノンフィクション賞を受賞．『魔術師　三原脩と西鉄ライオンズ』(文藝春秋)により第10回ミズノスポーツライター賞最優秀賞を受賞．
『復讐する神話　松下幸之助の昭和史』(文藝春秋)，『さよなら！ 僕らのソニー』，『君がいる場所、そこがソニーだ』(以上，文春新書)，『働くこと、生きること』(草思社)，『日本企業が社員に「希望」を与えた時代』(七つ森書館)『戦争体験と経営者』(岩波新書)など，著作多数．

マーケティングのSONY 市場を創り出すDNA

2019年12月12日　第1刷発行

著　者　立石泰則《たていしやすのり》

発行者　岡本　厚

発行所　株式会社 岩波書店
〒101-8002 東京都千代田区一ツ橋2-5-5
電話案内 03-5210-4000
https://www.iwanami.co.jp/

印刷・三陽社　カバー・半七印刷　製本・牧製本

ISBN 978-4-00-024828-0　　Printed in Japan

戦争体験と経営者　立石泰則　岩波新書　本体七八〇円

闘う商人 中内㓛　—ダイエーは何を目指したのか—　小榑雅章　四六判二九四頁　本体一八〇〇円

30代の働く地図　玄田有史編　四六判三六〇頁　本体二〇〇〇円

会計と犯罪　—郵便不正から日産ゴーン事件まで—　細野祐二　四六判三〇二頁　本体一八〇〇円

危機の資本システム　世界同時好況と金融暴走リスク　倉都康行　四六判二一〇頁　本体一八〇〇円

岩波書店刊

定価は表示価格に消費税が加算されます
2019年12月現在